彩插1 原始人的"艺术"中就已经包含了美的观念

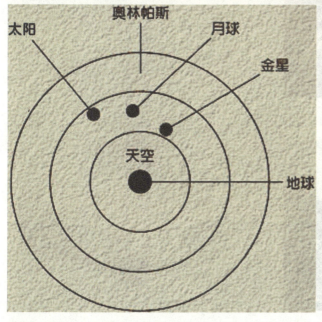

彩插2 毕达哥拉斯的宇宙是一首和谐的音乐

彩插3 孔子重视人的道德情操之美

彩插4 达·芬奇的《蒙娜丽莎的微笑》是优美的代表

彩插5 以哥特式为代表的许多建筑都带有崇高的意味

彩插6 悲剧代表——瓦格纳歌剧《女武神》

彩插7 周星驰是当代华语世界的喜剧之王

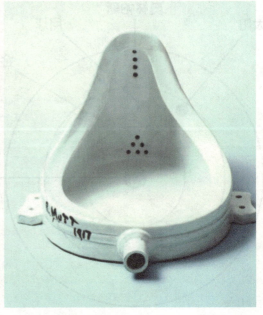

彩插8 杜尚的《泉》

彩插9 米芾作品的中和之美

彩插10 传统文化"境生象外"的悠远趣味——当代国画创新派画家杨明义作品

彩插11 陶渊明的世界

彩插12 罗中立的《父亲》——社会美的内容重于形式

彩插13 莫奈的《日出印象》开西方现代绘画自我表现的先河

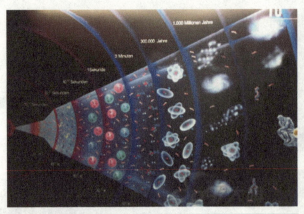

彩插14 各种基本粒子——星系——生命物质——人的演化过程

彩插15 "机械"有着至高无上的地位——具有最为朴素的技术美

彩插16 美存在人们的生活中

彩插17 米开朗基罗的《大卫》

人物形象设计专业教学丛书

形象设计美学

周生力 / 主编
汤爱青　宋效民 / 副主编

化学工业出版社
·北京·

本书是人物形象设计系列教材的一本,主要是针对高职高专形象设计专业学生学习的需要,以普通美学为基本构架,联系形象设计专业实际,综合介绍了形象设计美学的概念,美学基础知识,形象设计审美与美感,形象设计美的形式原理,形象设计美的形式法则,形象设计的容貌美、形体美,形象设计的整体美等。

本书适合于高职高专人物形象设计及相关专业的教材使用,也可供从事美容、美发、化妆品行业人员及从事人物形象设计工作的人员参考使用,还可作为普通高校所有专业学生的选修读本。

图书在版编目(CIP)数据

形象设计美学/周生力主编.—北京:化学工业出版社,2009.1(2025.2重印)
(人物形象设计专业教学丛书)
ISBN 978-7-122-03881-4

I. 形⋯ II. 周⋯ III. 个人-形象-设计-艺术美学 IV. B834.3

中国版本图书馆CIP数据核字(2008)第163597号

责任编辑:李彦玲　　　　　　　　装帧设计:何章强
责任校对:陈　静

出版发行:化学工业出版社(北京市东城区青年湖南街13号　邮政编码100011)
印　　装:涿州市毂润文化传播有限公司
787mm×1092mm　1/16　印张8½　字数208千字　2025年2月北京第1版第8次印刷

购书咨询:010-64518888　　　　　　　售后服务:010-64518899
网　　址:http://www.cip.com.cn
凡购买本书,如有缺损质量问题,本社销售中心负责调换。

定　　价:38.00元　　　　　　　　　　　　　　　　　版权所有　违者必究

前　言

随着物质文明和精神文明不断向更高层次的推进，我国的形象设计业也随着全球的形象设计热而热起来，而且发展速度很快，短短几年已呈普及之势。2004年8月20日，原国家劳动和社会保障部发布了形象设计师职业，使从事人物形象设计的设计师正式成为我国社会中的新职业。

20世纪90年代末，随着行业的发展逐步进入深层次的发展阶段，对高素质人才的需求量剧增，加之关于举办职业高等教育政策的出台，我国部分高等职业院校陆续开设形象设计专业，并已成为我国近几年发展速度最快的热门专业之一。据统计，迄今为止，国内陆续开设形象设计专业(系)的大专院校已有近百所。但一些院校在课程设置、师资配备、教学方针及教学方法上，还都存在着许多需要进一步完善的地方。尤其是专业教材的不规范性和不系统性对形象设计的曲解，直接阻碍了形象设计专业的教学和行业的发展。如何解决形象设计专业教材的不规范性和不系统性，是我们每一个形象设计教育工作者需要身体力行扎扎实实去做的事情。正是基于这个想法，我们编写了人物形象设计专业一系列实用性、专业性教材，希望借此做点普及形象设计教育的分内工作。《形象设计美学》作为其中的一本，是以形象设计和美学两学科为基础，探讨了形象设计美学的概念、范畴、审美与美感、形式美法则、容貌美、体型美、整体美等内容，在知识上力求由浅入深、循序渐进，结构层次脉络清晰，通过这一课程的学习，可培养学生具备启智、育德、审美鉴赏的能力，提高学生在形象设计上的审美鉴赏力和创造力。

本书由海口经济学院艺术学院形象设计专业高级工艺美术师、教授周生力主编，山东理工大学讲师汤爱青，海口经济学院教授宋效民任副主编；中国艺术研究院博士、中华女子学院讲师王晓光，海口经济学院副教授王德刚，讲师胡慧等参与了部分章节的编写工作。其中汤爱青承担编写了第一章的第二节和第二章，宋效民承担编写了第三章，王晓光承担编写了第一章和第六章的第二节，王德刚承担编写了第五章的第三节，胡慧承担编写了第六章的第三节，其余由周生力承担编写并负责统稿工作。隋淑倩、许鹏、马金悦、陈莎莎、张振等同志在编写工作中也积极参与了资料收集与整理，在此一并表示感谢。

本书在编写的过程中，参考了国内外相关的论文、专著及图片，在此一并对有关作者表示感谢！由于编者水平所限，不当之处在所难免，敬请各界专家和读者朋友批评指正。

编者

2008年10月

绪 论

1 　第一节 形象设计美学的概念和范畴

4 　第二节 形象设计美学研究的任务、研究对象与方法

8 　复习思考题

第一章 美学基础知识

9 　第一节 美学的产生与发展

17 　第二节 美的基本范畴

20 　第三节 美的基本形态

26 　复习思考题

第二章 形象设计审美与美感

27 　第一节 形象设计审美及基本内涵

35 　第二节 美感与形象设计美感

39 　第三节 形象设计的美学价值

43 　复习思考题

第三章 形象设计形式美及法则

44 　第一节 形象设计形式美的概念

47 　第二节 形象设计形式美的构成

54 　第三节 形象设计形式美的法则

58 　复习思考题

第四章 形象设计的容貌美

- 59　第一节 容貌的审美意义及特征
- 63　第二节 五官美学
- 74　复习思考题

第五章 形象设计的形体美

- 75　第一节 人体皮肤美学
- 79　第二节 躯干与四肢美
- 95　第三节 人体体型美
- 100　复习思考题

第六章 形象设计的整体美

- 101　第一节 仪容美
- 107　第二节 服饰美
- 115　第三节 仪态美
- 124　第四节 形象设计的整体美感
- 129　复习思考题

130　参考文献

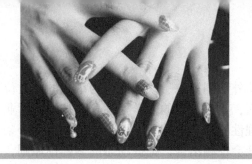

绪 论

> 学习目标：通过本章学习，使学生了解形象设计与相关学科的关系，理解和掌握形象设计美学的概念和范畴，研究任务、研究对象与方法。

人是自然的产物，又是文明进化的结果，所以，在人的形象中凝聚着天地造化的自然之美，同时又成为反映社会美的一面镜子。美孕于自然又高于自然，美源于实践又高于实践，是实践的产物。美是精神人的自由创造，是人类审美需求、判断的标准，又是人类本质能力的体现和升华。人类是美的鉴赏者，也是美的创造者和实践者，总是时刻感受美、追求美、展示美、品评美。正如莎士比亚所说："人类是一件多么了不起的杰作！多么高贵的理性！多么伟大的力量！多么优美的仪表！多么文雅的举动！在行为上多么像一个天使！在智慧上多么像一个天神！宇宙的精华，万物的灵长！"审美化的生存方式充斥于人们的生命意识和生命体验之中。

随着现代科学技术的发展，设计在人类的社会生活中占有越来越重要的地位，从某种意义上讲，形象设计实质上是强化人的自我意识的一种审美教育。它的目的在于培养人的审美化的生存能力，使人在提高自信，追求品味的同时，加强自身的生命意识和生命体验，以便在生命历程中达到自我实现的目标。形象设计美学作为研究人物形象审美活动和审美价值的新兴学科，它运用美学的基本原理，从提高人类生活质量的角度入手，指导人们（设计对象，形象设计师）如何评价人物形象设计中的仪容美、仪表美和仪态美，揭示其审美特征，并进一步探讨人类追求自身之美，完善和提升自我的目的。审美是人的生命活动向精神领域的拓展，美的本质是人的本质的最圆满的展现。因此，只有从美学的角度充分地认识和揭示形象设计的意义和内涵，才能更充分发挥形象的社会功能。

第一节 形象设计美学的概念和范畴

一、形象设计的本质

形象设计（Image design）是一个系统工程，是一个整体的观念，是艺术与设计的交叉学科，又称形象塑造（Image-building），不仅仅指对人的外表进行包装和塑造，它更强调内外一致，"内"是指一个人内在的气质、美好的心灵、优良的品质、丰富的知识、高雅的品味、一定的艺术修养。"外"是指通过运用专业技巧，使一个人的外在形象与他的年龄、身材、性格、环境等各方面相协调。

形象设计的本质是对人物形象的完善和提升，帮助人们提高自信，追求品味，找到自我。形象设计作为一门综合艺术，就是要完成从外形到神态、谈吐及行为举止的全方位塑造。主要表现在发型、化妆、服饰及仪态等方面，具有知识的多学科性和多技能的专业性；又因人物形象的千差万别，还受到个体的生理性和社会性的差异以及环境的变化等条件所制约，这就决定了形象设计要求以生理性和社会性相结合，把握动态的多样性原则，合乎一般美学原则。

二、形象设计与相关学科的关系

形象设计作为一门新兴的、综合性的应用学科，是现代多学科综合交叉发展的产物，其理论基础和学科内容涉及哲学、社会学、美学、公共关系学、心理学、伦理学等多个学科知识，它们之间密切联系又不可相互替代。学习掌握它们之间的内在联系，把握好它们的个性与共性中的关联点，有助于学习者在形象设计中掌握其专业性和突出的自身特点。

1. 形象设计与哲学的关系

哲学是在大量具体科学的基础上，研究、揭示自然界和人类社会中最一般、最普遍的规律的科学，对具体科学具有方法论指导意义。运用哲学的基本原理、思维方式，能为形象设计的研究提供科学的指导，使我们从纷繁复杂的现象中抓住形象的本质和规律性的东西，找出形象设计的一般原理和设计法则。

2. 形象设计与社会学的关系

社会学是从社会整体出发，综合研究社会关系中包括个人及其社会行为、社会群体或群体生活、社会组织和社会制度、社会关系、社会问题等各个组成部分及其相互关系，探讨社会关系发生、发展及其规律的一门科学。其中关于个人及其社会行为、群体、社会组织、社会关系等与形象设计的联系十分密切，是构成形象设计的社会学基础，个体和组织作为社会结构的组成部分，如何在其中塑造良好的个人形象，如何评价个体与他人的形象塑造，则是形象设计需要研究的问题。

3. 形象设计与美学的关系

美学是社会实践的产物，是关于美和艺术的哲学思考，是研究审美意识、美感和审美活动的最一般规律的科学。人们正是在社会实践中设计、展现自己的形象，形象设计的目的也是为了追求美，形象设计活动中所体现出的一切美的现象的规律性，都与美学有着密切联系。美学的概念、本质、根源、形态特征、形式法则以及审美意识、审美活动等基本理论和研究成果，对如何更好地塑造良好的个人形象具有极为重要的价值。

4. 形象设计与公共关系学的关系

公共关系学是一门以公共关系的客观现实和活动规律为研究对象的，新兴的综合性的应用学科，是研究组织与公众之间传播与沟通的行为、规律和方法的一门学科。组织形象是公共关系学的一个核心概念，以建立社会组织与社会公众之间良好的沟通关系，在社会公众心目中树立社会组织的良好形象为主线贯穿始终，适用于个人及任何组织，是形象设计研究的一个重要内容。

5. 形象设计与心理学的关系

心理学是研究人的一般心理活动过程及其规律的科学。心理学的研究对象主要是人的心理过程和个性心理两大心理现象，一个人的行为是与他的心理活动分不开的。形象设计实际上也是一个心理学的问题，人物形象的设计和塑造过程都要受到主客体的心理影响，研究主客体在塑造形象过程的心理规律和特点，对形象设计具有重要的意义。因此，形象设计的发展需要借助于心理学研究的材料和成果。

6. 形象设计与伦理学的关系

伦理学是关于伦理行为的科学，是关于伦理行为事实如何的规律及其应该如何的规范的科学，实质上属于职业道德的哲学范畴。伦理道德是对人与人、组织与相关公众关系的调节和规范，伦理道德是做人的基本准则，对人的语言、行为起指导作用，形象设计中的仪态塑造，就是主客体关系状态的真实反映，是人与人之间、组织与公众之间的道德反映。一个人只有遵循相应的伦理道德规范，才有可能得到他人或相关公众的认同、信任和支持。因此，伦理学也是形象设计的重要理论基础。

7. 形象设计与艺术美的关系

艺术美是指艺术作品的美，它是艺术家从自己的审美情感、理想、情趣出发，对现实生活中自然的社会事物进行选择、集中、概括，并通过一定的物质材料和艺术技巧，将头脑中形成的审美意象物化出来的结果。形象设计作为一门综合艺术，围绕人与现实生活中的美以及人对美的欣赏和创造等方面，都对形象设计有一定的指导意义。

此外，形象设计还与文化学、艺术学、设计学、色彩学、服装学、美容学、体态语言学、文化人类学、民族学、生理学、物理学、医学等学科也有密切的联系，探讨形象设计与其它相关学科的关系，既可以进一步认识到学习和研究形象设计必须有广博的知识，又能不断开拓形象设计研究的新途径。

三、形象设计美学的概念和范畴

美学以美为研究对象，形象设计美学的研究对象自然就是形象美。然而，要回答什么是"形象美"，并不是简单地说什么人的形象设计是美的、什么人的形象设计是不美的所能回答的了的。人的形象美并不是单纯的，从不同的角度、不同的方面去观察、得到的结论往往会不同，不同的人对所设计的形象美的见解，也往往会意见不同。因此，研究形象设计美学，关键在于探索形象美的本质、基本表现形式以及形成或塑造形象美的客观规律。

1. 形象设计美学的概念

形象设计美学是创造人物形象审美的哲学，是以美学为向导，形象设计为基础，将美学与形象设计理论相结合而形成的一门新兴学科。它贯穿于设计构思、灵感、思维到创作表现的视觉与情感的传达过程，包含着设计哲学、设计美学、设计艺术、设计文化、设计灵感、设计心理、设计符号、民族民俗文化、科学技术和工艺技巧等方面的内容，是美学理论在人物形象设计中的实践应用。

2. 形象设计美学的范畴

美学是一门现阶段颇为引人注目的科学。美不是抽象的，而是具体的。世界上美的事物，有的以其具体的感人的形象展现在你的眼前，如动人的乐曲、芬芳的花朵、壮丽的山河、美丽的图画等；但有的也不一定具有形象，却也能给人以美的感觉，如高尚的精神情操、思想境界，和谐美好的生活现象等。因此，美学是研究人对自然现象、社会现象和艺术现象的审美关系的学科。形象设计美学是美学与形象设计理论相结合而形成的一门新兴学科，是研究人的形象与科学的审美关系的学科，在自然现象、社会现象和艺术现象三大范畴中属于社会现象的范畴。

美的几种基本形态中，自然美和社会美可并称为生活美。生活美是一种现实生活中客观存在的美，也包括人的自身美感。人是社会生活的主体，人的美感是社会美的核心，社会生活美的提升，关键在于作为其中一分子的每一个人的自身美感（包括人的外在形象美、内在心灵美和气质美）的提升。因此，形象设计美学可归入社会生活美的范畴。形象设计作为人们的一种生活模式，它不仅丰富美化社会生活美，更扩展了艺术创造的空间。对于人的生活需要，马克思（《1844年经济学——哲学手稿》）曾经论述过：人能够"按照美的规律来创造"，所以形象美从某种意义上来讲，是按照人们从生活经验中提炼出来的对美的规律认识而创造出来的，因此形象设计美学也属于艺术美的范畴。人物形象的现实生活美是第一性的，艺术美是第二性的。现实美是艺术美的基础，艺术美是生活美的内容的创造性反映形态之一。

美学通常也被称作为有关美的哲学，哲学是美学理论的基础，美学是哲学的一个分支，研究美的问题从根本上来说就是研究哲学，形象设计美学只不过是运用美学的基本理论分析人物形象的问题。蒋孔阳先生在他的《美学新论》中说："美学永远离不开哲学。我们学习美学，事实上就是以哲学的眼光，来思考美和艺术，来审视人生本身的价值和意义。"因此，从某种意义上来说，形象设计美学属于哲学的范畴。

第二节 形象设计美学研究的任务、研究对象与方法

形象设计美学是在形象设计理论和实践应用的基础上，结合美学而发展起来的一门新兴学科。形象设计作为一门以技术和艺术为基础并在实践应用中使二者相结合的边缘性学科，它的研究对象、研究范围和具体应用等都有别于传统的艺术学科。形象设计美学作为设计学科的一个理论分支，其理论也与传统的美学研究不同。因此，它不但在学科定位、研究对象和研究范围上具有自身的特点，不能完全照搬传统的美学理论，而且在现实的实践应用中也有自己独特的要求。

一、形象设计美学研究的任务

形象设计美学的研究任务不仅是把它作为一门学科，去揭示和阐明形象设计审美现

象，还要帮助人们了解人物形象美、人物形象的欣赏和美的形象设计的一般特征和规律，进一步完善和发展形象设计学科，从而提高人的审美欣赏能力。形象设计美学研究的任务分为理论任务和实践应用任务。理论任务在于掌握形象设计的审美现象，进而从中揭示本质规律，以系统的概念、范畴的形式表述出来；实践应用任务在于肯定理论、规则的价值，用以指导、规范和调控审美活动，来确立审美理想，更新审美观念，端正审美态度，培养审美能力。具体来说，形象设计美学研究的任务主要有以下几方面。

1. 区分和阐释形象设计审美现象

审美现象作为文化生活的一个层面，客观而广泛地存在于现实领域的各个方面。无论是自然界还是人类社会，物质生活还是精神生活，艺术生产还是精神生产，审美现象总是同其它非审美现象交融渗透、彼此关联。因此，要把审美现象从大量的非审美现象中区分、剥离、抽取出来，才能进行美学研究；要把现实中的审美现象搜集、汇总起来，或者把它纳入已有的美学概念范畴之中，或者赋予它以新的美学概念、范畴，加以科学地界定和阐释，同时对这些审美现象的形态和特征进行如实地描绘和说明；还要时刻关注形象设计的进展，对其新成果进行提炼概括，引导形象设计不断进步；也要对日新月异的审美现象的丰富内容、表现形式以及相关环节进行深入地分析、探讨，从而以概念的形式组合和建构形象设计美学知识系统。

2. 揭示和论证形象设计审美规律

形象设计审美研究的任务，不仅在于描述审美现象，把握审美事实，提供有关审美现象的知识，而且在于以科学的观点和方法，透过审美现象去揭示其内在本质和必然联系，以逻辑形式构成一个再现审美现象历史过程的、符合审美活动实际行程的、显示审美现象本质规律的理论体系。如果说审美现象是一个丰富生动的表层文化，那么审美规律就是一个蕴涵于审美现象之中、隐藏在审美现象之后的具有本质规定性的深层文化。形象设计美学研究不能仅仅满足于提供审美事实的知识，还应提供审美规律的理论，这是形象设计美学研究责无旁贷的使命。因此，形象设计美学必须是建立在马克思主义哲学的指导和相关学科的帮助下，借鉴其它学科所提供的实证成果、思想资料的前提下，全面系统地总结审美经验，准确深入地揭示形象设计审美现象的本质属性和客观规律，才能建设和完善用以指导形象设计审美实践的理论体系。

3. 制定和确立形象设计审美评价

审美创造是指审美主体按照一定的"美的规律"所进行的一种自由的创造活动，按照创造领域和结果的不同，审美创造有"审美意象"的创造和"审美对象"的创造两种含义。形象设计师如何将"个体自由性"与"社会制约性"有机地结合起来，为设计对象进行形象设计，其设计的水准、技术的表现等是否符合设计对象的实际，如何制定和确立形象设计审美评价的目的、内容、方法和标准？这些理论依据都需要进行研究、规范和宣传教育，否则形象设计审美评价只能是"纸上谈兵"，空话一句。

4. 应用和落实形象设计美学理论

建构完整的理论体系，并不是形象设计美学研究的最终目的。虽然描述现象，揭示规律、形成知识系统、建构理论体系、促进形象设计美学理论建设，是为了进一步完善和发展形象设计学科，但是科学的美学理论，应是来自审美的和非审美的实践，再回到审美的和非审美的实践中去，在不断研究、总结的基础上，把美的感受、美的形象上升到理论高度，并指导形象设计审美的实践，既接受它们的检验，又给它们以指导。作为一种认识价值，美学主要体现在它对实践的规范、调控、指导的功能属性上。它不仅用以分析阐释审美对象，而且为审美欣赏、审美创造、审美教育提供规范性理论，引导形象设计实践按照美的规律自由和谐地有序开展，从而塑造一个完美的形象。

5. 提高和加强形象设计审美教育

形象设计审美教育包括形象设计教育工作者、被教育者与设计对象，审美能力是一种在生活、自然、艺术中发现美、欣赏美、鉴别美的能力，这种能力的获得与审美者自身的审美经验、文化底蕴、艺术修养等因素有密切的关系。形象设计师是形象设计审美活动中的审美主体和美的创造者，如果缺乏审美能力，即使置身于美的环境中，也难取得完美的审美愉悦，更谈不上按照美的规律从事形象设计实践活动。因此，只有提高和加强形象设计审美教育，形象设计师才能在设计实践活动中去积极地感受美、挖掘美、创造美、鉴赏美，并和设计对象共同得到美的享受。

二、形象设计美学的研究对象

形象设计美学的研究对象是关于形象设计和形象设计审美的一般规律，最基本的研究对象是形象设计整体美、形象设计审美、形象设计美感和形象设计审美教育及其在形象设计中所体现出来的一切美的现象及其发生、发展和变化的规律性，以及如何依照这种规律进行形象设计审美实践。

1. 研究形象设计整体美

形象设计美学既要研究形象设计整体美及其各种形式、形态的美，还要研究与形象设计整体美相关的因素。如整体美与社会经济、文化状态，整体美感与时代精神、民族习俗、传统文化、外来文化、个体阅历影响等因素的关系。形象设计整体美是形象设计理论体系、形象设计实践和科技水平，以及形象设计活动中所显现出来的一切美的总和。它包括形象设计对象的外在与内在美，这是形象设计整体美的核心；形象设计理论体系中所体现出来的系统、规范和层次之美；设计师在设计实践过程中所体现出来的技术、服务和仪态美。

2. 研究形象设计审美关系

美学家郭因认为："人与自然、人与人、人自身的和谐，是人类的根本追求、人类文明的根本追求、美学的根本追求。"形象设计审美关系同样是以这"三大和谐"为主要追求目标。形象设计审美关系就是人们在形象设计审美活动和形象设计审美交往中所发生的一种涉及美丑问题的、具有情感与认知倾向的关系。设计师及其设计对象作为审美的主体，都具有形象设计审美意识，都能主动地从事形象设计审美活动；作为审美的客体，都是形象设计审美的对象，都力求按照人类健美的理想尺度来设计自身之美，创造形象设计活动中的自然美和社会美，以增进人的生命感为目的，实现形象设计领域里的审美主体与审美客体的和谐统一。

3. 研究形象设计审美意识

形象设计审美与一般审美意识一样，也是一种特殊的精神活动，其根源和本质必须从形象设计审美实践中去探索。形象设计审美感受、审美观念、审美情趣、审美思维、审美标准和审美理想都是形象设计审美意识的研究内容。探讨审美意识，必须从美感入手，在形象设计美感的研究中应该注意美感的来源、美感的时代性、美感的民族性、美感的直觉性、美感的个体差异性和美感的实践性等特点。设计师在感受美、鉴赏美的基础上，按照美的规律进行设计实践活动，能激发起设计对象的情绪变化，引发良好的审美意识。

4. 研究形象设计审美创造

形象设计审美创造是设计师按照美的规律为设计对象进行创造的活动。这种创造活动首先出现于实践活动中，进而又表现于设计对象身上。形象设计审美创造同其它审美创造一样不是先存在于人的头脑中，而是在长期的实践经验中从无到有，从低级到高级不断攀登的创造性活动。形象设计美学应按照与时俱进的精神，重视社会不断的需求去创造美的内容及其价值，以促进形象设计美学可持续的发展。

5. 研究形象设计审美教育

形象设计审美教育主要研究形象设计审美教育的特点、内容、形式、方法和培养目标。当前我国的形象设计教育发展迅速，层次也在逐步提高。在教育形式上，既有中专层次的专业教育，也有高等院校的大专层次和本科层次的专业教育。形象设计审美教育非常突出的问题是缺乏高素质的专业教师，这就需要依靠一大批高层次、高素质、高水平的专业人才参与编写教材，为社会培养形象设计专业教师，并通过有效的教育手段，从形象设计专业学生的审美素质入手，对学生的审美感受、审美判断、审美想象、审美理解以及审美创造等能力进行培养，进而提高形象设计行业整体的审美水平。

三、形象设计美学的研究方法

任何一门学科都必须依据特定的研究对象、范围和性质来选择和确定具体研究方法。在感性认识、艺术活动和审美经验领域中，只有不断涌现的问题，而没有一成不变的规律，因此，以艺术和审美为研究对象的形象设计美学，绝不是某种基于规律性上的知识体系，而是面对具体问题时的智慧。形象设计美学是一门由诸多学科交叉而成的综合性学科，其研究方法应广泛吸收多学科的研究特点。

1. 要以唯物主义方法论为指导

美是人类社会劳动实践的产物。形象设计美学在学习和探索过程中，只有把哲学、社会学、逻辑学、心理学、自然科学等学科结合起来进行探索，深刻认识美与美的起源及其发生、发展规律，树立真、善、美统一的审美观和形象设计审美观，以唯物主义方法论为指导研究美学现象，才能真正树立起正确的美学观，更好地把握其规律性。

2. 要以普通美学基本理论为基础

美学基本理论是探讨美的起源、美的本质和特征、美的内涵与形式、审美及审美意识、美的形态及其变化发展规律的，是形象设计美学的基础，因此要有一个全面的认识和掌握。形象设计师还要学习和掌握东西方美学发展的历史，兼取东西方美学传统精华和最新成果，融合东方美学精神和西方美学理念，把美学的基本原理与形象设计的基本原理相结合并融会贯通，只有这样，才有利于认识、评价、创造和发展形象设计美学理论。

3. 要以理论与实践相结合为目的

将美学基本原理和形象设计基本原理相结合、融会贯通，有利于认识形象设计美、评价形象设计美。形象设计是一门实践性很强的学科，形象设计美学要借助形象设计的实践来概括、抽象、丰富和发展形象设计美学理论。掌握形象设计基本知识和基本技能，是形象设计实践的基础。形象设计的实践在理论学习的每一个阶段都要紧跟着进行，形成理论知识逐层深入的同时，实践技能也循序渐进逐步提升。

复习思考题

1. 怎样理解形象设计美学的概念？
2. 简述形象设计美学的研究任务和研究对象。
3. 简述形象设计与相关学科的关系。
4. 学习形象设计美学有什么意义，如何学好这门课？

第一章 美学基础知识

学习目标：通过本章学习，使学生理解美的概念与学科性质，掌握美的范畴，了解美的基本形态。

第一节 美学的产生与发展

美学（Aesthetica）是一门既古老又年轻的科学。美学一词来源于希腊语aesthesis。最初的意义是"对感观的感受"。美学作为专门的概念首次提出，是在1750年由德国哲学家鲍姆嘉通（1714～1762年）完成的。1750年他用拉丁文写成《美学》一书，书中他把叫作美学的Aesthetica定义为感性认识的学科，把"感性认识的完善"和"美"联系起来。尽管鲍姆嘉通所谓的Aesthetica，还不是今天意义上的"美学"，但鲍姆嘉通的贡献在于，他通过美学概念的提出把美学、逻辑学和伦理学组成完整的哲学体系，逻辑学研究理性认识、美学研究感性认识，伦理学研究人的行为。至此美学成为一门独立的学科。

一、美学的概念与学科性质

美学并非是近代的产物，对美的探索与追求自人类诞生以来就开始了。早在原始社会，当人类逐步脱离动物界，美已开始萌芽。原始艺术的产生以及原始工艺的出现，都鲜明地标志着人类对美的渴求早已存在。随着社会的发展，人类对美的理论探求更表现出前所未有的热烈。无论西方的古希腊，还是中国的春秋战国时期，思想家们都对美表现出热切的关注，他们都从自己的思想体系出发，对美提出了自己的观点，力图说明美是什么，美的重大社会作用是什么，从而奠定了美的理论探索。

1. 美学的概念

什么是美学？

自鲍姆嘉通提出美学之后，虽然后人称他为"美学之父"，但他其实只是给予了美学之名，有关美学的对象、内容等问题，人们仍在进行激烈的争论。以至于什么是美学，仍是众说纷纭，各存己见。二百多年以来，许多思想家都在关注什么是美学。迄今为止，美学已经被赋予了多种多样的含义，众说纷纭，各见其是。

（1）美学是关于美的学科

该定义认为美学就是把美作为自己的研究对象。这一观点虽为鲍姆嘉通所提出，但也为《大英百科全书》（1964年版）等一些学术权威词典所认可。这其实反映了从德国启蒙运动时期的哲学家和美学家鲍姆嘉通以来，西方现代美学主流的一个基本取向：美学研究的对象是感性认识的完善，即关于美的科学，直到20世纪50年代以来，美学的历史一直沿袭这一方向发展。

（2）美学是美的艺术哲学

该定义是西方美学史上相当一批美学家、艺术家的观点。如黑格尔就明确提出：美学是艺术哲学。对此人们不得不存在两个疑问：

① 这一定义将艺术以外的美学问题排除在美学之外是否合理？
② 艺术哲学与艺术理论的区别是什么？

（3）美学是审美心理学

该定义是一大批心理学家以移情说、直觉论、内模仿论、距离论、精神分析学等为依据来建构美学，认为美即是美感。人们不得不思考的问题是：

① 既然美感心理是一个非常复杂的心理活动，仅用某种心理因素，是否能很好地说明美感心理？
② 这些心理学派往往依据自己的心理学观点来谈审美心理，难道审美心理仅是心理学问题？更何况美呢？

（4）美学是关于美、美感和艺术的科学

该定义是中国美学家李泽厚的概括，它得到很多中国美学家的赞同。其优点是把美学研究的重要内容都包括在内，因而显得较为全面。不过，也有问题：

① 美学仍在发展，如美育在近期得到重视，是否应包括在内？
② 定义中的三者是平行、并列关系，那么三者是否是平行关系呢？

到底什么是美学，考虑到上述问题，故对美学初步描述为：美学是以美的哲学为基础，以审美经验为中心来研究美、审美感、艺术和美育的科学。美学是一门人文历史科学，它是以人对现实的审美关系为中心，以一切审美活动现象为对象，系统阐释审美对象、审美意识和审美实践的本质特征、存在形态及其发生、发展、演变规律的科学。这体现了审美活动中主、客体的关系和当前美学研究的基本内容。

在对美学的进一步探究中，我们不难发现，美学在当前往往具有两种歧义：一是美论美学，主张美学是关于美的学问；二是感觉论美学，认为美学是关于感觉的学问，突出感觉在美学中的地位。与美论美学相比较，感觉论美学具有一种更为宽阔的学科视野，凡是与人的感觉、感性或情感有关的，都可以进入美学，成为美学的研究对象。如此一来，不仅狭义的美，崇高、悲剧、喜剧等传统美学范畴，甚至20世纪90年代以来方兴未艾的生活美化、美容、美发、人物形象设计、影视文化、视觉文化、听觉文化、图像文化、媒介文化等涉及感觉的宽泛对象，无一不可以被列入美学范畴。比较而言，美论美学由于特别标榜美与艺术，更多地属于传统美学，尤其契合于以精英旨趣为宗旨的高雅文化的价值追求；而感觉论美学突出普遍性感觉与日常生活，既出于鲍姆嘉通时代的美学旨趣，更适应20世纪90年代以来，以大众文化为主流的当代审美文化状况。

2. 美学的学科性质

人类的知识可分为下面三类。

① 研究自然界物质形态、结构、性质和规律的自然科学，如数学、物理学、生物学等。
② 研究社会结构、社会运动以及社会群体组织、纪律和现象的社会科学，包括经济学、社会学、法学、人类学、管理学等。
③ 研究人的生活与特性的知识体系的人文科学，包括文学、哲学、历史学、语言学、伦理学和文化学等。

美学与自然科学的差异是自然科学以精确的数据和实验方式，分门别类地研究人，而美学往往运用概念、判断、推理方式对人进行综合的、整体的研究；美学与社会科学、人文科学的差异是社会科学往往较多地采用归纳、实验的方法，人文科学更多地运用体验、思辨、演绎的方法，比较起来，美学与人文科学的联系更密切。从历史上看，美学先后与哲学、伦理学、语言学和文化学科等人文学科发生过紧密的关系。所以，可以说美学是一门人文学科，是关于人的生活的一种知识体系。

二、美学的产生与发展

人们总是先有了某种生活、某种现象，尔后才开始思考、探讨，并在思考、探讨的基础上建立相应的学科。美学作为一门学科的诞生，也经历了漫长的历史发展过程。追溯美学观念的起源，就会发现美与人类的起源一样悠久古老，自从原始人类通过劳动最终摆脱了动物的状态，开始懂得装饰自己、娱乐自己，出现了最早的原始艺术活动时起，人类的审美观念和最初的美学思想便已开始形成（见彩插1）。原始人在小砾石、石珠上钻孔，在兽骨上穿孔，制成可以佩戴的头饰和项链等装饰品，已经潜藏着原始人所独有的观念性的想象、理解，具有初步的美感性质和意义。古代社会人们对美和艺术就开始了理论探索，古希腊的思想家们对美学和艺术都有自己的观点，中国春秋战国时期的思想家们也提出了自己对美的看法，对美和艺术的理论探索，一直都没有中断，并随着时代的变化而不断改变自己的理论形态。因此，我们要了解美学就必须回到它的源头去，开始一次美的旅行。

1. 西方美学的产生与发展

公元前6世纪到公元5世纪，是西方美学的萌芽时期，以古希腊罗马的美学思想为代表，属于古典主义美学时期。古希腊的哲学家把审美作为人类对世界的一种特殊体验，以毕达哥拉斯为代表的美学形态，从理性主义的方面去演绎美，发现支配着宇宙万物的看不见的"和谐"（数理规律）；以亚里士多德为代表的美学形态，从经验主义的方面归纳美，开创了经验描述和事实观察的理论形态。古罗马时期贺拉斯的古典主义诗学和西塞罗的修辞学研究开创了发现和总结文艺创作的外在规律的艺术学研究，对具体的艺术作品进行描述、解释、认识和评价。这属于第三种美学形态，即把艺术学的、相对具体的认识论研究甚至连同艺术本身称作"美的科学"（见彩插2）。

公元5世纪至14世纪是中世纪神秘主义美学时期，这一时期是西方美学两大源泉(以柏拉图为代表的古希腊思想和古希伯莱文化)的汇合时期，以上帝代替柏拉图的"理式"，这成为西方第四种美学形态——非理性主义美学的源头。由于把美看作上帝的一种属性，存在于神所创造的事物之中，中世纪的美学并不以文艺为主要对象。这一时期美学的主要代表人物有奥古斯丁和托马斯·阿奎那。

公元15世纪至16世纪是文艺复兴人文主义美学时期，美学由神学美学走向人学美学的时期，处在文艺复兴运动中心的意大利的文艺理论家逐渐摆脱宗教的束缚，从文艺反映现实的本质、文艺的教育与娱乐功用的根本理由来为文艺辩护。文艺复兴虽然是"巨人的时代"，但在美学和文艺理论方面巨人却不是很多，其主要代表人物是一些艺术家和文学家，如但丁、莎士比亚、达·芬奇、阿尔贝蒂等。

公元17世纪是新古典主义美学时期，这一时期是把古典主义美学原则高度规范化、教条化的时期，其主要代表人物是法国的布瓦洛。

公元18世纪是启蒙主义美学时期，这一时期是反叛新古典主义美学的时期，并在欧洲形成了大陆理性主义美学和英国经验主义美学的对立。其主要代表人物有法国的笛卡尔、伏尔泰、卢梭、狄德罗，德国的戈特舍德、鲍母嘉通、温克尔曼、莱辛、赫尔德，意大利的维柯，英国的培根、霍布斯、洛克、夏夫兹博理、哈奇生、休漠、博克等。

随着欧洲工业革命的发展，自然科学、哲学、伦理学、心理学和文艺学等近代学科进入了逐步形成和发展的时期。尤其是与美学密切相关的哲学，自近代以来发生了认识论转向，为美学学科的建立提供了必要的历史条件。正是在这样的历史条件下，鲍母嘉通在自己的哲学体系中，第一次把美学和逻辑学区分开来。在严格规定了逻辑学的研究对象是形成概念和进行推理的抽象思维的同时，也给美学规定了自己独特的研究对象。并写出了美学专著，初步形成了美学学科的基本框架以及探讨了美学的一些基本问题。故此，美学学科诞生，而鲍母嘉通也因此成为美学之父。

鲍母嘉通之后，美学的发展经历了德国古典美学、马克思主义美学、西方近现代美学三个重要阶段。

在德国古典美学阶段，康德和黑格尔对美学卓有贡献，形成了美学学科产生以来第一个，也是西方美学史上的第三个高峰。康德在调和理性主义和经验主义的基础上形成了德国古典美学的庞大的唯心主义思辨美学的体系，康德不仅调和了理性与经验，还调和了理性与非理性，这是美学的第五种形态——自律的思辨美学。并以他的三大批判著称于世，在《判断力批判》中，康德提出并论证了一系列美学根本问题，形成了较为完整的美学理论体系。康德之后，黑格尔在思辨美学的基础上发展出强调辩证法的一面，把德国古典美学推到了顶峰，成为德国古典美学以及马克思主义美学以前的西方各美学思潮的集大成者。此外其主要代表人物还有谢林、费希特、歌德、席勒、费尔巴哈等。

马克思虽不曾写有专门的美学著作，但他在其它许多著作中论及了大量的美学问题，尤其是他把实验的观点引入美学研究，从而把关于美的探讨建立在主客体辩证统一的基础上，为美学研究提供了一种全新的思路。

19世纪中叶以后，美学发展流派纷呈，但总的来说有一重要倾向，即逐渐脱离了"美是什么"的纯哲学讨论，而侧重于"在美感经验中我们的心理活动如何"这种审美心理的描述，把美学逐渐变成一种经验描述科学。这便是美学史上所说的由"自上而下"向"自下而上"的历史转型。这一时期非理性主义美学伴随着浪漫主义运功发展出克尔凯郭尔的存在主义美学，以及叔本华和尼采的唯意志论美学。此外经验主义和理性主义美学也取得进一步发展。还出现美学研究的社会学的新方向，即以人的社会属性为出发点来研究人的审美意识。代表人物有席勒、斯宾塞、丹纳、别林斯基、车尔尼雪夫斯基、列夫托尔斯泰、普列汉诺夫等。这个新方向包括各种各样甚至相互对立的学说，都可以归为第六种美学形态。

20世纪的美学更是形成一股强烈的反传统潮流。它一方面是对传统形而上学的反叛和对经验实证方法的张扬，另一方面是对理性主义的反叛和对人的非理性的张扬，并在此基础上逐步形成了科学主义美学与人本主义美学两大思潮。近现代西方美学的主要代表人物和美学思潮有德国费希纳的"实验美学"、英国贝尔的"有意味的形式"、美国杜威的"经验美学"、意大利克罗齐的"形象直觉说"、英国布洛的"心理距离说"、德国李普斯的"移情说"、弗洛伊德的"里比多"理论以及后来的分析美学、现象学美学、存在主义美学、接受美学等。

2. 中国美学的产生与发展

中国美学思想的产生与发展有着自身的特点。叶朗认为由于中国社会在进入近代之前的整个发展过程中经济形态没有发生根本变化，所以除近代美学可以划分出独立的阶段外，整个发展过程中尚不能划分出性质不同的发展阶段。

公元前6世纪到公元3世纪，即先秦、两汉时期，属于中国古典美学的发端时期。先秦的美学家老子、孔子、《易传》作者、庄子、荀子等的美学思想包含于他们的哲学思想之中，他们提出了"道"、"气"、"象"、"妙"、"味"、"美"、"大"、"兴"、"观"、"群"、"怨"、"涤除玄鉴"、"心斋"、"坐忘"等一系列的美学范畴和命题，开创了中国美学史上的一个黄金时代，并成为以后中国古典美学的"气韵说""意象说""意境说"以及关于审美客体、审美观照、艺术创造和艺术生命等特殊看法的思想发源地。两汉美学是先秦向魏晋南北朝美学的过渡时期（见彩插3）。

公元3世纪到公元17世纪，即魏晋南北朝到明代，属于中国古典美学的展开期。在这个时期中，美学家们围绕审美意象这个中心，对人类的审美活动及规律展开了多方面、多走向、多层次的探讨、研究和分析。提出"意象"、"形"、"神"、"风骨"、"气韵"、"神思"、"情""景"、"虚"、"实"、"妙悟"、"气象"、"意境"、"韵味"等一系列美学范畴。其中魏晋南北朝时期社会的大动荡解放了思想，使理论思维异常活跃，成为中国美学史上第二个黄金时代。而明朝中后期的资本主义萌芽也带来思想领域的思想解放潮流，促使理论思维重新活跃，为清代古典美学的总结准备了重要条件。

公元17世纪到18世纪的清代前期，是中国古典美学的总结时期。这是中国古典美学第三个黄金时代。王夫之的审美意象、叶燮的"理"、"事"、"情"、"才"、"胆"、"识"、"力"、石涛的《画语录》和刘熙载的《艺概》等美学体系和美学著作，是中国古典美学的总结形态并使之达到高峰。

19世纪鸦片战争之后的近代阶段，中国美学表现为学习和介绍西方美学，并没有建立自己的理论体系，也没有完成对中国古典美学进行系统的分析、批判、吸收和改造的历史任务。此时期的代表是梁启超的美学、王国维的美学，以及鲁迅和蔡元培的美学思想。五四前后李大钊的美学思想是对中国近代美学的否定，可以看作现代美学的真正起点。

三、美学研究的对象与范围

美学如果只是一堆僵化的知识，而不能解决具体问题，那就违背了它的本性。因为如果以知识的严格可靠性作为唯一的衡量标准的话，美学无论如何也无法同逻辑学竞争。这一点在美学的创始人鲍姆嘉通那里，早就说得非常清楚。这是由美学的研究对象所决定的。美学研究的对象和范围一直在变动中，如现代西方美学从对审美对象的认识论抽象转移为对审美主体经验的研究，再如现代美学日趋扩大自己的研究范围，不仅研究传统的艺术问题而且从审美角度介入工艺学、设计学、生态环境研究，从而形成了众多的现代美学分支。就美学理论自身而言，美学的研究对象和范围问题始终极富争议又难以统一定论。中国当代美学家提出的关于美学研究对象和范围的观点，归纳起来以下几种比较具有代表性。

1. 美学是关于美的科学

以洪毅然、蔡仪为代表的美学家认为美学是研究"美"的，包括研究美的本质以及规律的。如美学要研究美的性质，美感的性质，美的社会内容与自然条件，美感的心理及生理基础，美与美感的类别，美的功用，审美标准，形象思维的特殊规律等。这是美学研究最高层次的问题（而不是全部问题），属于认识论或本体论美学。

2. 美学是研究人与现实的审美关系的科学

以蒋孔阳为代表的美学家认为美学是研究主体和客体的审美关系。既包括作为客体的自然美、社会美、艺术美、科学美和技术美，以及崇高、悲剧、喜剧、优美等美的范畴，又包括作为审美主体的人的美感，以及审美客体和审美主体结合所形成的特定关系。把美学研究对象设定为审美关系，避免了关于美学研究对象的狭隘化倾向，可以概括更为广阔的审美范围。这属于价值论美学。

3. 美学是研究艺术的科学

以朱光潜、马奇为代表的美学家认为美学是研究艺术的科学，即艺术哲学。事实上美学的认识论研究、本体论研究和价值论研究都到艺术中间寻找解答或论证自己根本课题的材料，认为美的本质最集中地反映在艺术中，因此，美学研究的对象是艺术，美学是关于艺术的科学。美学研究艺术中的哲学问题是关于艺术的一般理论，是关于艺术的哲学，它的基本问题是艺术与现实的关系问题，其目的就是解决艺术与现实这一特殊矛盾。

4. 美学是研究审美经验

以李泽厚为代表的美学家认为美学是以审美经验为中心研究美和艺术的科学。他认为近代美学是由德国的哲学，英国的心理学、法国的文艺批评三者构成的，美学可分为哲学的、心理学的和社会学的三种研究。美的哲学是美学的引导和基础，审美心理学则是整个美学的中心和主体。他把美学的研究对象从探求客观存在的审美关系的研究，转移到对主体的审美经验和审美态度的研究上。

5. 美学是研究审美活动及其规律的科学

以叶朗、蒋培坤为代表的美学家认为美不是预成的而是生成的。因此，不能从诸如"美是什么"这类关于美的先验定义出发，而要从最简单、最基本、最确定的事实出发，从对审美活动的分析来展开美学的学科体系。人类审美活动是一种非凡的实践活动。美学理论应该是探索、研究人类审美活动各个方面及其普遍规律的科学。以审美活动来作为美学研究的对象，可以突破以往种种观点的狭隘性，把美学研究的天地得以拓展。

6. 美学是对生命的最高阐释

以杨春时、潘知常为代表的美学家认为美学的研究对象是人的生命或生存或存在。美学必须把目光集中在审美活动与人类生命活动的关系上，集中在对作为生存方式的审美活动的本体意义，存在意义、生命意义的诠释上。它不去追问美和美感如何可能，不去追问审美主体和审美客体如何可能，也不去追问审美关系和艺术如何可能，而去追问作为人类最高生存方式的审美活动如何可能，并且围绕这一追问，建构超美学体系，在这一体系中，生命即审美，审美即生命。

以上观点各有其理论基础与不可辩驳的依据，但他们对美学研究对象和范围的确定或狭窄或宽泛或模糊，因而也在一定程度上存在偏颇之处。当代美学是由思辩走向实证，由分析走向综合，叶朗的把历史上各主要美学学科形态美学整合考察，把美学的研究对象确定为审美活动的研究，可以说是相对更为科学的选择。

美学的研究对象决定了研究的范围，进而叶朗将美学研究范围设定为审美形态学、审美艺术学、审美心理学、审美社会学、审美教育学、审美设计学、审美发生学、审美哲学，这八个分支学科各自有独特的研究视角和方法，又互相关联互相渗透，他以这紧密贯穿于人类审美活动的八个分支学科构建了现代美学体系。

四、美学与相关学科的关系

美学是一门"边缘科学"或"跨界科学"，诸多相邻学科向美学的横向渗透已经成为当代美学的一大必然趋势，从材料到概念，从基本原理到基本方法，美学正全面地从相邻学科吸收营养。

1. 美学与哲学

美学是哲学的一个组成部分或分支学科，当美学成为一门独立的学科以后，它与哲学仍有着直接和紧密的联系。它始终为美学研究提供世界观和方法论的基础，美学所着重研究的审美客体和审美主体的关系，实质上也就是哲学的基本问题——存在和思维、物质和精神之间的关系的反映，哲学对美学研究起着更重要的指导作用，同时美学研究的成果又反过来丰富了哲学的内容。

2. 美学与伦理学

伦理学与美学同作为哲学的一个分支而紧密地联系在一起。伦理学是一门研究社会道德问题或人们的道德关系，及其一般发展规律的科学。其核心范畴就是善与恶。美学则研究人与现实的审美关系，它的基本范畴是美和丑。美学和伦理学的关系，实质上就是美与善的关系。美虽然以善为前提，但是善的事物并非都是美的。伦理学帮助人们明辨善恶，形成正确的道德观念，规范人们的行为，美学则帮助人们分清美丑，树立崇高的审美理想。因此，既不能割断美学与伦理学的联系，也不能把二者机械地等同起来。

3. 美学与文艺学

文艺学是专门研究文学艺术的现象及其发展规律的科学。所以文艺学和美学在研究对象和研究内容上均有所区别和侧重。但是美学又以艺术为中心研究对象（黑格尔就把美学称为艺术哲学），所以美学与文艺学的联系是最为明显的。文学艺术是人与现实的审美关系的集中表现，因而美学可以借助于文学艺术的经验和材料来研究人与现实的审美关系，而文学艺术理论又可借助于美学对美、美感和文学艺术一般规律的哲学概括，深入研究各类文艺形式的美学特征。

4. 美学与教育学

教育学是研究教育现象及其规律的一门科学。教育学和美学理论在培养适应社会主义建设需要的全面发展的人才和理想人格上有着共同性。美与善的密不可分就意味着美育与德育的密不可分。在教育内容和教育方法上，要采取审美方式和手段，使教育审美化、艺术化；在各种教育活动中，要加强美感陶冶，塑造审美个性。一方面审美教育是当今教育的重要内容，现代化的科学教育，不能离开美学。教育学需要借助美学研究的成果来不断丰富发展自己的理论。另一方面，美学的发展也越来越依靠教育学。美学最后的归宿是落实在理想人格的塑造上，这实质上就是一个教育学的问题。教育科学的发展，将为解决这一问题提供科学的理论和方法。

5. 美学与心理学、社会学、人类学、语言学、符号学等学科

20世纪西方美学发展的科学美学和分析美学两个类型就是在借鉴这些新兴学科的成果发展起来的。科学美学就是把原来美学上对美的本质、美的范畴的主要课题的研究转到审美经验、审美价值的研究上来，并且广泛地研究有关艺术的一切问题，包括对与艺术有关的心理学、艺术史、文化史、社会学、人类学等各种专门学科进行研究。如20世纪初，美学越来越多地借助心理学的研究成果来分析审美的心理活动，西方美学从哲学思辨开始了心理学的转向。发展起一个既属于美学、又属于心理学的分支学科——审美心理学。通过探究美感的生理基础和心理机制使美感研究建立在更加科学的基础之上，从方法论上说，哲学思辨是所谓自上而下的研究，而心理分析是所谓自下而上的研究，它们代表两个可以相互补充，互相促进的不同研究方向。分析美学是把美学研究中心集中在与审美判断有关的语言问题和意义问题上，对艺术和审美判断中所使用的语词、句子和意义作精密的语义分析，构成了以语义分析为主要方法的新的美学流派和研究方法。这种美学发展新转向的出现是由于在现代自然科学中随着语义学、符号学、信息论、控制论这些新兴学科的发展，导致了诸如"意义""记号""符号""语言""指号系统"等概念变得越来越重要。可见，与美学相邻的人文学科和社会科学学科，以及自然科学学科对美学的影响很大，其横向渗透也越来越明显。

第二节 美的基本范畴

范畴是某一具体科学中与事物的本质密切相关的最基本的概念。美学的基本概念是美和美感，美学的其它概念都是美和美感这两个基本概念的具体展开。因而所谓美学范畴，也就是美学中的一些最基本的、带有普遍意义的概念。这些概念与美的本质紧密相扣，是美的本质的具体展开，是美的本质的各种不同的表现形态。美学范畴有广义和狭义之分。广义的美学范畴是一个充满内在联系的庞大的范畴群或者说范畴集体，包括美学作为一门科学的所有范畴。具体说来，主要由三个较小的范畴群组成，即美的范畴、美感范畴和艺术美的范畴，是三者的有机统一。狭义的美学范畴专指美的范畴。本节所要讨论的美学范畴即狭义的美学范畴体系，它们是自古希腊以来，西方美学中确立的优美、崇高、悲剧、喜剧、荒诞这几个最基本的概念。在中国古代美学的发展过程中，形成了一系列独具特色的概念与范畴，尽管带有经验直观的性质，缺乏系统的理论阐述，甚至往往只是只言片语，但其中却包含了深刻丰富的美学思想，比如"风骨"、"气韵""韵味"、"妙悟"等，其中，最重要的要数体现儒家精神的"中和"和体现道家精神的"意境"。

一、优美

优美，是西方美学体系中最早出现的一种审美范畴（见彩插4）。

优美具有一些可以确切描述的形式特征，即完整与和谐。完整指优美是一个统一、单纯而自足的整体，感觉不到它的缺陷或累赘。和谐是指构成事物的各结构因素间相辅相成，共趋于完整的效果。结构的各因素不能彼此凌越、干扰或否定。对与审美主体而言，优美的事物必须是可以立即接近（把握）的完整的秩序井然的集合体，它具有单纯的特点，不能有深奥得令人陌生的意蕴，不能有复杂得令人焦躁的外观。

优美的特征决定了它具有积极的审美作用，面对优美的形象，人的情感不会出现紧张和波动，只会感到轻松、愉悦。优美的这种特点，使它具有强烈的吸引力和感染力，使人们通过欣赏优美的事物，陶冶性情，净化心灵，塑造性格。

二、崇高

崇高这一美学范畴首次出现在古罗马美学家朗吉弩斯的《论崇高》中，他在对人类尊严的歌颂时所描写的"不平凡的、伟大的"事物正是后世美学家所谓的"崇高"的现象。但直到18世纪，英国经验主义者博克才把崇高作为美的对立范畴进行研究，指出在客体方面崇高的特征是大、凸凹不平、变化突然、朦胧、坚实、笨重等，并将崇高与恐怖相联系，认为人对对象不能理解而畏惧，引起自卫要求而产生崇高感。在主体心理方面，崇高以痛苦为基础，令人恐怖，并涉及人的自我保护的欲念。19世纪康德将崇高上升到哲学高度进行深入研究，从而确定了崇高在美学中的地位。他把崇高分为数量的崇高和力的崇高。前者表现为体积和数量的无限大，后者是力量的强大，崇高的特点在于对象既引起恐惧又引起崇敬的那种巨大的力量或气魄。主体由对对象的恐惧而产生的痛感转化为由肯定主题尊严而产生的快感就是崇高，崇高不在对象，而在主体自身的精神。崇高中有神秘的未知的以及不可能把握的东西，这些构成了崇高的深邃境界。崇高境界中伴随着"向无限挣扎"的力量，表现为主体去追求无限、不断向无限超越。其所延展出的空间感、时间感成为命运、历史、精神的无限历程，显示主体在坚持中的伟大力量和高尚人格（见彩插5）。

三、悲剧

美学中所说的悲剧，不是通常意义上的不幸、灾难和死亡，而是现实生活中主体与不可抗争的力量顽强斗争时所表现的巨大精神力量和伟大人格魅力。悲剧性一词源于希腊语 Tragoidia，原指古代希腊人举行宗教祭仪时以山羊来献祭的仪式，常有装扮成半人半羊的歌队咏唱，所唱的歌曲即称为山羊之歌或悲歌。在西方美学史上从亚里士多德开始即已对悲剧性进行了探讨。他在《诗学》中研究了戏剧美学的基本规律，提出："悲剧是对于一个严肃、完整、有一定长度的行动的摹仿……，摹仿的方式是借人物的动作来表达，而不是采用叙述法；借引起怜悯与恐惧来使这种情感得到陶冶。"这表明，悲剧是一种富于哲理性、崇高的艺术。由于命运是悲剧的核心，人类理性对命运的忧患意识是悲剧感产生的原因。只要"命运"对于个人、社会、历史还不能自由掌握，那么悲剧就会仍然是审美形态的一种。焦虑、恐惧、绝望和死亡就仍然会通过艺术的形式得到表现，而悲剧的最积极的审美效果就是使人正视人生与社会的负面，认识人生与社会的严峻，接受命运的挑战，随时准备对付在人生的征途之中由于冒犯那些已知和未知的禁忌而引起复仇女神的报复。悲剧固然使人恐惧，但却是一种理性的恐惧，在恐惧之中，使人思考和成熟，使人性变得更加完整和深刻（见彩插6）。

四、喜剧

喜剧（或称喜剧性、喜、滑稽）是一种凸现了本质与现象、内容与形式、现实与理想、目的与手段、动机与效果等的不协调或不和谐，给人以笑的审美类型。喜剧是滑稽在各门各类艺术中的一种具体表现形态，是与悲剧相对应、相对照的审美范畴。它与滑稽既有着本质特征上的一致性，又有存在领域与表现方式上的差异性，二者不是同一层次的概念。可以说，广义的喜剧是滑稽，而狭义的滑稽才是喜剧，喜剧被包容在滑稽之中，是滑稽的下一层次的子概念或子系统。喜剧的艺术表现形式包括喜剧形式的喜剧、漫画及相声等。

喜剧的主要特征是不协调性、矛盾性。正如黑格尔指出："把一条像是可靠而实在不可靠的原则，或是一句貌似精确而实在空洞的格言显现为空洞无聊，那才是喜剧的。"喜剧和崇高、悲剧一样，也存在于事物的内容与形式的矛盾对立中，不同之处在于崇高和悲剧的内容大于形式，而喜剧则是形式大于内容，是在对丑的直接否定中来肯定美。当社会生活中的事物在实践上违背了客观规律，遭到现实的否定，已经失去存在的必然性，但还试图把自己打扮成美的事物时，其美的形式与丑的内容之间的矛盾冲突就是喜剧性的。喜剧艺术就是把这种已经完全失去了存在的必然性的无价值的东西撕破给人看，以便人们在对丑的嘲笑中肯定美（见彩插7）。

五、荒诞

西方二十世纪现代派艺术的发展，使荒诞成为一个重要的审美范畴。荒诞首先表现为时空深度消平，在现代艺术中，传统艺术完整的、立体的、独立存在的个体被取消，被挤压、拆散、拼凑成一个平面，正如立体主义的绘画，原有的时间秩序和空间距离都被夷平在一个面上；其次是无高潮无中心，时空深度取消，秩序不复存在，造成作品无高潮、无中心。"在西方现代派艺术家看来，生活与生命都没有目的，当然也没有方向；没有方向的时间正如没有指针却仍在滴答响个不停的时钟一样，声音喧嚣不停，每一响都一样，不再有意义，这就是我们真实的生命形式，稠密而空洞。"第三个特点是价值消平，在荒诞艺术中，平板上的一切都是等值的，或者也可以说都是无价值的，传统艺术中的或高贵或神圣或伟大或平凡的"题材"在现代艺术中都不复存在，所谓"题材"，变得没有意义或没有特别的意义。杜尚将小便池作为艺术品放在艺术馆里展出，并命名为《泉》（见彩插8）。劳森伯格将上面飞溅着颜料的枕头、被窝的雕塑和绘画的结合体的作品命名为《床》。荒诞背离了传统艺术直接的艺术陈述特点，代之以寓言式的、暗示的手法来表现，要了解它的深层寓意往往需要借助理性的思考。

六、中和

"中和"是我国美学体系中一个极为重要的范畴，它是我国古代人们对于美的最基本的认识，并决定着我国古代美学和艺术的基本风貌。"中和"这一美学范畴形成于先秦时代。《中庸》解释道："喜怒哀乐之未发，谓之中；发而皆中节，谓之和。中也者，天下之大本也；和也者，天下之达道也。至中和，天地位焉，万物育焉。"它包括"中"与"和"两个方面。中，即中庸，无过无不及，孔子"中庸"思想的实质是要求统治阶级和被统治阶级之间应当保持调和，矛盾的双方都有所节制，以避免矛盾的激化而引起统一体的破坏。"中庸"之道的实现，就能使社会生活中各种矛盾的事物和谐统一起来，这是孔子始终所追求的理想。和，即和而不同，强调美只能存在于事物的多样性的统一之中。同时自然界的"和"还同人类社会的"和"存在着必然的联系，这便是"天人合一"。在当时的人们看来，不仅自然是和谐有序的，而且人与自然、个人与社会也是和谐统一的。这种"天人合一"的和谐正是中国古代美学所追求的最高的"和"，也是最高的美（见彩插9）。

七、意境

"意境"是中国美学中一个引人瞩目的范畴。它最初同《周易》中的"立象以尽意"有关，到了魏晋南北朝时期则形成了"意象"这一概念。所谓"意象"，就是形象和情趣的契合，也就是客观与主观的统一。到了唐代，"意象"这一概念被普遍使用，并且出现了"境"的概念。"境"的含义有别于"象"，它不仅包括个别的、有限的物象，而且还包括由这一物象所体现出来的某种人生或自然的境界。意境在明清两代得到了很大的发展和广泛的运用。所谓意境实际是超越具体有限的物象、事件和场景，进入无限的时间和空间，从而对整个人生、历史、宇宙获得一种哲理性的感受和领悟。中国古典艺术所创造的意境，安顿了古代艺术家的灵魂。"中国诗人和画家，在落日暮霭里，在孤帆远影里，在月夜箫声中，突然感到一种无名的、深沉的孤独，突然失落了自我，却也同时找到了最大的慰藉，在大自然中重新捡回了一个我—物我同一的我"。这种带有哲理性的人生感、历史感、宇宙感就是"意境"的特殊的文化内容（见彩插10）。

第三节 美的基本形态

美的形态是指美的存在形式。根据美在现实世界中所存在的领域不同，可以分为自然美、社会美、科技美、艺术美、生活美、人体美几种形态。这几种美的形态的划分其实有着不同的分类层次与标准，自然美、社会美、科学美、技术美、生活美、人体美都属于现实美范畴，它们是以物质形态存在的美，这是客观物质世界领域中的美，实体性、可触摸性是这一类美最大的特性。艺术美则是一种观念形态的美，就其本质而言，它是一种无"形"之美，是客观存在的主观反映的产物。现实美是艺术美的源泉，属于社会存在的范畴，即第一性的美；艺术美则是现实美更集中的反映，属于社会意识的范畴，是第二性的美。同时，现实形态的美又是极为广阔、生动和丰富的。科学美、技术美、生活美、人体美等形态本来是包含在社会美之中的，随着科技的飞速发展以及人们生活水平的提高和对生活品味的关注，有必要把它们从社会美中独立出来，与自然美、社会美、艺术美并列。通过对美的这些形态的认识，对于我们理解美的一般性质和表现，从总体上把握美，有着重要的意义。

一、自然美

自然美指具有审美价值的自然事物和现象表现出来的美。自然美在形式上，则是通过以下两种形态，为人们的审美所观照。一种形态是没有经过人们加工改造，或较少具有人们加工改造痕迹的纯本自然物、纯本自然环境。如白雪覆盖的原野、黄沙荡荡的大漠、波涛汹涌的大海、清幽皎洁的明月。另一种形态是经过人们直接加工、改造、利用的自然物和自然环境。笔直的林荫大道，宽阔的碧绿稻田，雄伟的万里长城，旖旎的苏州园林，在这种自然物和自然环境中，更多地显示了自然美的社会内容、社会需求，显示了人们对自然力的征服和支配（见彩插11）。

关于自然美的本质问题，历来是一大难题，美学界众说纷芸，莫衷一是。有观点认为自然美的本质在于自然事物的本身，认为自然美是自然事物本身固有的属性。还有观点认为自然美不在于自然物本身，它是某种客观精神、主观意识、观念、情趣外化和体现的产物，是审美主体情感、意识附着的结果。

事实上在研究自然美的本质的时候，不能将客体与主体、自然物的自然性和它的社会性割裂开来，孤立地考察人对现实、对自然山水的审美关系。因此，自然美，包括自然山水的美既不能排斥自然本身的属性和条件，也不是或不全是自然本身固有的属性。自然自身的属性和条件，是自然物可以成为人的审美对象的前提和因素，这些前提和因素要变成美的现实，成为人类的观赏对象，必须与审美主体相作用而构成现实的审美关系，自然美所展示的是人和自然、人类社会和自然界的关系。因此自然美不单独存在于物，也不单独存在于心，而是物的社会性与自然性的辩证统一，是主体与客体的辩证统一。

二、社会美

社会美是指社会事物、社会现象表现出来的美。社会美的范围非常广泛，可以说在现实美中除自然美之外，都属于社会美。社会美是美的最直接的存在形式，是现实美的最主要、最核心的部分（见彩插12）。社会美包括社会实践主体的美、实践活动的美以及实践环境的美三部分内容。人是社会实践的主体，是生活的主体，一切社会实践都是人的活动，所以实践活动的美归根到底表现为人的美，因而社会美的核心是人的美。人的美包括两个方面的内容，一是人的形体美，也叫人体美；一是人的内在美，也称心灵美或灵魂美。内在美是指人的健康的心灵素质体现出来的美，包括思想意识、情感态度和知识智慧等三个方面。实践活动的美包括生产劳动的美、社会斗争的美和科学实验的美。实践环境之美包括社会环境之美和自然环境之美两个方面。社会环境主要是人与人之间的关系，它是环境的核心。自然环境是人所面临的物质条件，也可称物质环境，包括个人活动场所和社会活动场所。它们作为人们生活、学习和工作的场所，同实践产品一样也是人社会实践的结果。按照这一种划分方式，科技美、生活美都包含在其中。与同为现实美的自然美进行比较，社会美有如下特征。

（1）社会美的内容重于形式

这里的内容，主要是指它的社会功利性，亦即通常所说的"善"。是指实践活动和客观事物必须符合广大人民的利益，符合社会的进步和历史的发展规律。在社会生活中，人们的实践活动有着各种不同的表现形式，判断其美丑的标准，显然不是它们活动的形式，而在于其活动的内容，要把"善"作为它的基本依据，即这种活动是否有益于历史的进步和社会的完善。

（2）社会美具有时代性和民族性

社会美是随着人类社会实践活动的发展而不断丰富扩大。因此，它往往具有时代性的特点。如日出而作、日落而息、鸡犬相闻、老死不相往来的农业社会的审美标准与机器化、标准化、市场化的工业社会的审美标准是迥然不同的。不同的民族，由于自然环境、语言、文化传统等等方面的差异，对社会美的欣赏和评价标准也不同。

（3）社会美具有相对的稳定性和确定性

尽管社会美因阶级不同、时代不同、民族不同而有所区别，但相对于自然美而言，它仍然呈现出稳定和明确的特征。自然美以自然物为基础，而自然物既受自然内部变化规律支配，又受人类社会实践的影响，观察自然美往往会受到远近、方位、明暗、季节变化的影响，正如宋代郭熙在《林泉高致·山水训》所言"春山澹冶而如笑，夏山苍翠而如滴，秋山明净而如妆，冬山惨淡而如睡。"社会美则不同，社会美具有突出的社会性，它对真的认识和对善的判断必然有一定的稳定性，而且是非常明确的。

三、艺术美

艺术美是指各种艺术作品所显现的美，是美的重要的存在形态。黑格尔第一次区分艺术美和自然美时，他就把美和艺术等同起来，"把美学局限于艺术的美"，把美学称为艺术哲学。

艺术美来源于现实,离不开生活。艺术美是艺术家创造性劳动的结果,是艺术家根据一定的审美经验、审美趣味、审美观点、审美理想,对现实生活进行创造性的反映的产物(见彩插13)。艺术家在对现实生活的细致观察、体验和感受的基础上,经过对现实生活中许多素材的加工、提炼并溶进艺术家本人的审美理想,借助一定的物质材料,创造出可供人们欣赏的艺术作品,是艺术家对客观现实生活中的美,自觉的、能动的反映。艺术美具有以下特点。

(1) 艺术美具有情感性

艺术是人类掌握世界的一种特殊方式,它不同于理论的、宗教的、实践的方式,艺术掌握世界的方式是把客观世界作为审美的对象,是一种情感性的意识活动,以情动人是艺术有别于哲学等社会科学的标志之一,艺术作品之所以被创造,是为了传达创作者自身的思想感情,同时要能引起欣赏者的情感共鸣。人们接受艺术,在很大程度上是艺术能使人感到愉快。

(2) 艺术美具有感性的形象性

艺术家要传达的是一定的思想感情,而感情本身不具有形象,无法让欣赏者感受到。因此,它需要借助一定的形象,雕塑家的雕塑作品、画家的绘画作品、音乐家的音乐作品都是艺术家思想感情的载体。可以说艺术美的内容是靠具体可感的感性形象呈现出来的,它以感性形式反映对象的美。艺术美是内容和形式的完美统一。

(3) 艺术美具有创造性

艺术的创造性首先是独到的艺术发现。在每一个艺术作品中,都显现着艺术家对美的独特感受、对客观现实的个性理解,体现着艺术家新颖的构思和创新的手法,体现着艺术家创造性的劳动,创新在很大程度上决定了艺术的生命。艺术美的创造性表现在它的不可替代性,艺术的美应该是一种不可重复的、独一无二的美。与技术不同,艺术作品不能复制,它是艺术家创造性劳动的产物,是艺术家将自己的精神与心灵对象化,或外化为可以直观的感觉具体的艺术形象的结果。

四、科技美

随着生产力的发展,科学技术的进步,科学技术不仅使人类的生活方式与思维方式发生了巨大变化,而且也越来越具有审美性质。科学技术不仅成为当代人类审美创造和审美欣赏的重要组成部分,也对整个审美活动产生深远的影响。科技美包括科学美和技术美。

1. 科学美

科学美是科学家的智慧、能力等本质力量在科学创造活动中的外在显现,是对客观世界美的科学理论形态的反映。可以说科学家在探索自然奥秘的过程中,把主观目的追求和客观规律的呈现统一起来,发现、创造了科学美(见彩插14)。在科学与哲学尚未分离开来的古代,一些杰出的科学家同时也是美学家,例如毕达哥拉斯、德谟克利特、亚里士多德等对于宇宙和世界的科学研究,同时也是美学探索。随着近代科学的发展,在科学的理论研究、实验研究和科学成果中都存在着科学美。正如伟大的科学家居里夫人所说的:"科学的探索研究,其本身就含有至美"。科学研究的成果是人们长期探索、辛勤劳动的结晶，是人的本质力量的高度体现，人们从中可获得美的愉悦。随着科学的发展，其美学色彩日趋浓郁，正如美国著名美学家托马斯·门罗所言："科学正在迅速地进入艺术和美学领域。"

（1）科学美的内容具有真理性　科学研究的目的在于求真，它的任务在于揭示世界的奥秘，探求世界的本质。科学美和其它实践领域里的美一样，都以真为基础。有了真理才可能有科学美。科学美存在于对世界美的反映和把握之中，它是真与美的融合。科学美和艺术美综合起来才能完整地反映世界的美。

（2）科学美的形式具有简洁性　科学美的简洁性就是指科学理论、定理、公式的简单形式与深广内涵的统一。这种科学理论定律、公式的简洁形式，能给人们带来极其神往的美感。科学创造活动的本质就是用简洁、简练的原理、公式或定律去涵盖、包孕众多纷繁复杂的现象。

（3）科学美的形式具有辉耀性　科学美形式的简洁性，并不是"干枯的形式的，"它是有着辉耀华彩的形式的。例如科学模型和挂图都是有形象性的；数学中方程与图形的对称，物理、化学、生物学的模型等都是对称的。它们同样有着辉耀的华彩，给人以美感。科学美在形式中表现为由大量数学比例、等式构成的符号系统，它们总是借助简洁辉耀的形式显示出来。

（4）科学美具有形式与内容的和谐性　科学美不仅在于内容的真理性和形式的简洁性、辉耀性，而且还在于科学的内容和形式有机统一的和谐性，即科学真理与恰当的形式协调一致、融为一体。科学内容与形式的和谐是对客观物质世界统一和谐的反映。

2. 技术美

技术美是人类技术活动的精神结晶，它凝结在人工制作的物品上，技术美的创造及其观念早在古代就出现了。中国新石器时代的石制工具，已开始具备整齐、对称、均衡的外观形式。原始陶器的制作比石制工具在某种程度上更能体现人类最初的技术美创造。此后青铜器、漆器、瓷器的器物之美都体现着手工技术之美。技术美与社会美关系十分密切，是社会美深层次的实体部分。同社会美的演变和发展一样，技术美是在大工业生产方式下才有了特定的审美内涵。人类通过工业技术所发现和创造的技术美，成为具有工业时代特征的美的形态，可以说技术美是工业生产的产物（见彩插15）。随着大工业的发展，19世纪末20世纪初逐步建立起来的关于物质生产领域的实用美学——技术美学，把美学的研究领域从艺术扩展到物质产品和劳动生活环境，美的本质被进一步揭示出来。

技术美表现为实用功能和审美功能相统一。技术领域的审美除了关注其外在形式唤起人的审美感受的同时，还着重强调实用功能。技术的本质在于功利，它直接反应了人对客体的实用态度，因而技术的产品是以其功能和效用为存在前提的，技术美表现为功能美，越能满足人们功利性的要求，就越能受到人们的喜爱，尽管一种技术产品就其外观形式看是美的，但它如果不适合特定的使用目的，就不可能具有功能美，它所具有的审美价值就不属于技术美的范畴，在这一点上技术美与"超功利"的艺术美有本质的不同。

技术美在意蕴上趋于理性，在形式上显现为抽象。在美的感性和理性形态内化成人的本质力量时，技术美不同于艺术美，艺术美的感性比重更大，而技术美接近于科学美，所内化的人的理性远远超过感性。这种理性的技术美在表现形式上选择了抽象的形式，现代技术美学中逐渐形成强调形式服从功能的几何风格。

技术美的审美趣味具有短暂性、变异性的特点。技术具有进步性，技术的改进不但意味着生产效率的提高，也意味着产品审美风格的改变。现代工业产品的美学风格是伴随着新材料、新技术的不断出现而不断改变的。在某一时段功能和形式完美结合的产品，在新技术条件下就很可能成为陈旧落伍的产品。技术美的内涵是形式和功能的统一，但由于技术美审美趣味的短暂性、变异性特点，不同历史时期存在着"形式服从功能"和"功能服从形式"的不同取向。

五、生活美

生活美指日常生活领域里存在的美学形态。人们的社会生活是多方面的，在多方面的日常生活中存在大量的美学问题，正如高尔基所说："照天性来说，人都是艺术家。他无论在什么地方，总是希望把美带到他的生活中去。"可以说，从人的衣、食、住、行等实际生活领域中，无不存在着需要探究的审美规律，构成人们日常生活的诸多内容中都存在审美现象与审美活动（见彩插16）。随着现代科学的发展，美学正不断向社会实际生活的各个领域扩展，探讨实际生活领域中的审美规律，并产生新的美学分支学科。在日常生活领域，与衣相关的有服饰美，与食相关的有饮食美，与住相关的有居室美，与行相关的有旅游美等。这些美的形态由于存在的领域不同，都有着各自不同的特点与表现，但作为生活美的组成方面，它们又有着以下共同特征。

（1）生活美的实用性

生活美的不同表现形式，涉及生活的诸多领域，其共同特征都是要改善人们的生活状态、提高人们的生活水平、方便人们的日常生活，所以物质实用性是生活美的重要特征。服装首先是为了满足人们保护身体的需要，对抗外界的寒冷、炎热、日晒、蚊虫叮咬等侵害；饮食是为了满足人们饥渴的生理需要，身体对水、糖、脂肪、蛋白质等营养的需要；居室是为了满足人们日常生活中睡眠、洗浴、学习、娱乐、会客等需要，顾及到日照、通风、采光、照明等实际需求，要有必要的活动空间和通道，合理布置各种家具。

（2）生活美的审美性

威廉·莫里斯曾说过："不要在你家中放一件虽然你认为实用，但是难看的东西"。欣赏美与表现美是人不同于其它物种的独特能力，在日常生活领域里处处体现着人们对美的追求。形式美、色彩美、材料美和工艺美广泛存在于生活美的诸多形态之中，仅以饮食美为例，食物的造型和色彩搭配、餐具的选择与配置都会调节进餐时的心情与整体氛围，刺激人进餐的欲望。生活水平越高，人们越是希望在生活环境和生活过程之中得到美的享受。

（3）生活美的入时性

人对生活美的追求总是体现着时代的审美趣味，与时尚流行相一致。每个时代都有各自的流行时尚，纵观历史，不同的艺术风格都在生活领域中体现出来，如哥特风格的鞋帽，巴洛克风格的挂毯，洛可可风格的烛台，我国宋代的瓷器以及明代的家具等。当代时尚变迁的脚步更是日渐加快，服饰、家居、饮食的流行风尚总是推陈出新，生活美的入时性反映着人们对美好生活的向往和追求。

（4）生活美的适合性

人是生活的主体，生活美要表现出对人的适合性。外在生活环境的具体设置是受人的自身的尺度，如人的身高、身体各部分的比例、体型的自然曲度等决定的。服装、家居、交通工具等都要符合人体工程学的要求。同时个人所使用的生活物件与设施还要符合个人社会身份以及时间、地点、场合的要求，一切违背这些要求的所谓美的物件都会带来不和谐、不适合，最终背离了生活美的准则。

六、人体美

人体美是指人的身体外形的美。它是现实美中最重要的组成部分，具体可分为形体美与姿态美。形体美主要是指人体外部的身材、相貌及其呈现出的线条、比例、色彩的美，这是一种静态的美。姿态美是人的行为举止的美，也就是人体各部分在空间活动中所构成的姿势美，这是一种动态的美（见彩插17）。

（1）人体美是人类劳动实践的产物

人类身体所具有的外形，是在漫长的岁月中劳动实践的结晶，是人的本质力量在自身形体上的感性显现。人类从猿进化发展到今天，形体发生了质的变化，这是人类长期生产活动的结果。正如马克思所说"人类为了在对自身生活有用的形式上占有自然物质，人就使它身上的自然力——臂和腿、头和手运动起来。当他通过这种运动作用于他身外的自然并改变自然时，也就同时改变了他自身的自然。"

（2）人体美具有自然性

人体美主要表现为一种形式美，也体现了人的躯体合规律性与合目的性的统一。人的身体的合规律性主要指符合人类生长的规律，各部分的组合规律。如人的面部以鼻梁为中轴，其左右两侧无不对称。人的头、躯干和肢体无不成比例。毕达哥拉斯学派认为美是"和谐"，"身体美"是在于各部分之间的比例对称。达·芬奇说人体的"美感完全建立在各部分之间神圣的比例关系上"。此外人体的自然之美还在于丰满发达的肌肉、匀称矫健的体形。从古希腊开始，艺术家、美学家都把自然的人体美作为艺术表现的对象，《大卫》、《掷铁饼者》、《维纳斯》等不朽的艺术作品，都表现了人体永恒的自然之美。

（3）人体美具有社会性

人体美的形式和内容在不同的时代、社会、民族、阶级中是不尽相同的，从"楚王好细腰、宫中多饿死"到"环肥燕瘦"，可以看出人体美的审美标准是人们在长期生活实践中逐渐由经验去把握的，也是相对发展和不断变化的。这使得在人体自然之美之上，始终存在着修饰性的人体美。如非洲原始部落的文身和涂面，在上唇穿孔套入金属环的习惯；欧洲文艺复兴到近代的女子用紧身胸衣"束腰"；我国从封建社会汉族女子"缠足"的行为都是试图通过认为的后天修饰手段来获得理想的人体美的例子，这些在今天被看作是病态而畸形的身体修饰曾经都是那个时代人体美的典范。

复习思考题

1. 谈谈你对美学概念的理解?
2. 你认为美学是一门年轻的边缘学科吗?为什么?
3. 你认为自然美的特点是什么?请举例说明。
4. 生态环境与自然美有关系吗?你的看法如何?
5. 如何看待社会美的核心就是人的美?
6. 如何看待艺术美所体现的艺术家的创造性劳动?
7. 你认为人体美与服饰美的关系怎样?

第二章 形象设计审美与美感

学习目标：通过学习本章，使学生了解审美心理构成的要素和美感特征，掌握形象设计的审美主客体、美感特征和美学价值。

美感是审美感知、想象、情感、理解等多种心理功能综合交错的矛盾统一体。它们既有自己独特的心理功能，又彼此依赖，相互渗透，密不可分，不能独立存在。如果感知没有理解和想象参与，失去了审美"判断"能力，就成为生物性的快感，动物性的信号反应。如果想象中没有情感和理解的参与，失去了动力和规范，就成为一种反理性的胡思乱想。如果情感没有理解和想象的参与，失去了规范和载体，就成为生物本能性的欲望发泄。如果理解没有想象和情感的参与，失去感性的特征和活力，就成为在抽象概念中游离的逻辑思维。由此可见，感知是美感的出发点和归宿；想象是美感的枢纽和载体；情感是美感的中介和动力；理解是美感的指导和规范。美感就是它们复杂交错的动力综合，是它合规律性的自由运动。

第一节 形象设计审美及基本内涵

形象设计审美是形象设计师认识美、欣赏美、创造美的首要环节。形象设计的审美过程，是各种心理因素的综合过程，它始于对形象设计对象的感知，随即引起表象、联想和想象，并伴之以积极的情感体验，来满足设计对象和人们的审美需求。在审美感受中也有思维和创造活动，但思维和创造往往是融化在情感之中迸出的火花。因而情感是审美感受最突出的心理现象，审美感受基本上可以说是一种情感判断，它是人类的高级精神享受。

一、审美活动及其特征

审美活动又称审美，使审美主体"发现、选择、感受、体验、判断、评价美和创造美的实践和心理活动"。审美活动作为把握世界的特殊方式，是人在感性与理性的统一中，按照"美的规律"来把握现实的一种自由的创造性实践。概括地说，审美活动的特征主要表现在以下几个方面。

1. 审美活动是以审美的眼光看待审美对象

以审美的眼光看待审美对象包括两层意思。一是在生活与生产劳动过程中，人能够按照"美的规律"来创造，在这一创造过程中，人克服了完全受制于外部自然的被动性，真正实现了合规律性与合目的性的统一。如动物为自己构筑巢穴或居所，仅仅是其本能的一种活动，它们世世代代都是一个样子，而人却可以根据自己的需要和对象的特点、规律，为自己设计、生产和建造各式各样功能不同、风格迥异的房子，其中更可以充分地体现出建造者的趣味和标准，凝聚人的感情。二是人类生活与生产劳动的静态成果，以其美的外在形式、合规律性与合目的性相统一的内容，感性地显现了人的自由自觉的本质，从而使人能够以愉快的心情对这一成果进行审美观照。

2. 审美价值是衡量审美对象的标尺

由于审美活动已经从物质的生产劳动中独立出来，它所体现的审美价值不是隐藏在实用价值背后，而是已经在人类生活和劳动生产及其成果中占据了主导地位，因此，这时的审美价值将以特殊的形式成为衡量一切生活与生产劳动合理与否的重要尺度。

3. 审美活动是以情感、想象为中介，以形象为载体

在审美活动中，对生活与生产劳动过程及其结果的把握，更多是从感性形式方面进行的。换句话说，审美活动从直观感性形式出发，始终不脱离生活与生产劳动过程及其结果的直观表象和情感体验形式。但由于美的合规律性与合目的性的统一，所以审美活动又总是同时伴有一定的理性内容，会在理性层面上引发人们的深入思索。只是与那种一般认识活动不同，审美活动中的理性内容并不以概念为中介，即不是以概念形式出现，而是以情感、想象为中介，以形象为载体。正由于这样，审美活动才得以保持着自由的独立品格。

二、形象设计审美心理的构成要素

形象设计审美是审美主体根据一般美学审美原理和形象美的标准，对审美客体进行的美与丑的认识、理解、选择、判断的实践和心理活动形式，是创造形象美的内在依据，形象思维是其主要的思维形式。从形象审美实践上看，这种审美心理形式是审美活动的感性直觉阶段，是主体审美的第一步，是主客体审美关系的中介。为便论述，这里暂时把统一的、在任何时候都共同起作用的审美心理构成要素分别开来，逐一进行探讨。

1. 审美注意

审美注意是指审美主体在审美实践中，心理活动有选择地集中指向、观察审美客体或审美客体的某一属性。注意是审美心理序列的最初阶段，是发现美、认识美的心理基础，桑塔耶纳在《美感》中指出："各个事物之所以美，就因为各个事物都能够在某种程度上使我们的注意力感到兴趣感到入迷"。

审美注意的产生受到审美主体的审美兴趣、生活经历、职业特征、心境情绪等因素的制约。审美注意不是把注意力指向与主体的实用及目的有关的问题，而是把注意力集中在对象形式本身，这里包括线条、形状、色彩、声音、时间、空间、节奏、韵律、变化、平

衡、统一、和谐与不和谐等，使感觉本身充分地享受对象形式方面的这些东西，并把主观方面的各种心理因素如情感、想象、意念等也投入其中，以加强主体对外在事物感性特征和形式的感受。审美注意往往是短暂的，不会保持很长时间。

审美注意分为有意注意和无意注意两种。有意注意是审美主体为了实现审美目标，集中精力去寻找、发现和审美目标有关的信息。无意注意是审美对象具有某种新颖独特的属性与审美主体潜意识中的某一点相吻合引发的审美主体的注意。有意注意是形象设计审美活动中的主要审美注意方式，是指形象设计审美的主体在形象设计实践中针对审美客体，进行审美认识、判断、设计的过程。它受到审美主体的知识积累、审美目的、审美兴趣、审美理想的制约。

2. 审美感知

审美感知指审美感觉和审美知觉。审美感觉是审美主体对审美客体个别属性的反映。审美知觉是审美主体在审美感觉的基础上，综合审美客体的各种属性获得的对审美客体的整体性印象。感觉和知觉，不论对于理论认识还是对于审美反应，都是进行更高一级精神活动的基础。正如没有生动的直观，就没有抽象的思维，也就没有整个人类的理论认识一样，没有生动的直观，就不可能有审美的想象、情感和理解的和谐活动，审美的心理功能也就无法实现。如人们初次见到的东西，是依靠视觉、嗅觉、听觉，从形、色、音等个别的方面了解其特点，这就是感觉。以后只要遇到类似的形、色、音，就可以判断其是什么，这就从感觉上升到感知的心理过程。审美感知具有以下几个特点。

（1）审美感知具有整体性的特点

感觉以反映对象的个别属性为特点，这是我们对各种感官作用研究的理论抽象。在实际感受中，各感官的感觉绝非孤立地进行，人们总是将对象作为整体来知觉的。

（2）审美感知具有敏锐的选择力

审美感知将对象作为整体来感知，并不意味着主体毫不选择地能将对象一切属性一览无余。对象的感性形式是千姿百态、变幻莫测的，当主体专注于一定对象时，审美感知凭借敏锐的选择能力，能善于捕捉对象在每一瞬间所给予的某些印象，以及对象在运动中的某些精微变化。元代作家马致远的散曲《天净沙•秋思》中，非常突出审美知觉的选择性："枯藤老树昏鸦， 小桥流水人家， 古道西风瘦马。夕阳西下， 断肠人在天涯。"这是一幅意境相当美的秋郊夕阳图，渲染出一派凄凉萧瑟的晚秋气氛。当然，作者当时感受到的绝非尽是枯藤、老树、昏鸦等衰败的东西，这是作者选择的结果。主体的这种选择能力是在长期的生活实践和艺术实践中培养出来的。

（3）审美感知带有浓厚的感情色彩

审美主体对对象选择性的整体感知过程，始终受情感推动。并与所处的历史背景、文化背景、长期生活所形成的心理结构，特别是由此产生的情感息息相关。

审美感知是人类审美活动的第一步，是审美心理中最简单、最基本的一种。从心理学的角度看，美感的门户是感知；从生理学的角度看，美感的门户便是主体的各个感觉分析器。所以有人说：感知是我们进入审美经验的门户。形象设计审美感知亦然，形象设计的审美实践在人的感官和审美主体的兴趣、情感等诸多因素中，视觉和触觉发挥着审美主导作用，因为视觉、触觉和形象设计审美感知的关系最为直接。

3. 审美想象

想象是审美感受的枢纽，它能借助情感的推动，把审美感知和理解联结起来。想象的心理实质是建立在记忆基础之上的表象运动，即表象的再现、组合和改造。审美感知可以借助想象超越时空的限制而获得感受的相对自由，取得更为深广的理解感受内容。人类早在野蛮期的低级阶段，就用想象或借助想象征服自然力，支配自然力，将自然力形象化，产生大批神话传说，给予人类以强有力的影响。想象力是人类自觉的、有意识的、本质力量的重要表征，不仅艺术创作，而且一切科学探索都需要联想、想象、幻想、猜想等。想象是一个有广泛内容的心理范畴，它的初级形式是简单的联想，高级形式则是再造性想象和创造性想象。

（1）审美联想

审美联想是审美主体通过对审美客体表象的感知，调动已有的生活经验，回忆起与之相关联的另一事物的表象，并使两者发生联系的审美心理活动。审美联想可分为接近联想、类似联想和对比联想等形式。

① 接近联想。两事物在时间、空间上相当接近，人们在经验中经常将它们联系起来，以致引起稳固的条件反射，由甲自然联想到乙，并引起相应的情绪反应，如见瑞雪而兆丰年。有的因时间接近也引起空间方面联想，如中秋夜，通过明月的意象而引起对故乡的思念，似乎故乡的亲人就在眼前，空间上的距离拉近了。有的因空间接近也引起时间方面的联想，如故地重游，特别会引起对往年的联想，似乎过去的一切就在眼前。

② 类似联想。两事物在性质上或状貌上的某种类似引起的联想。如以杨柳比喻少女的腰身，以猛虎比喻男性的体魄；以暴风雨象征革命，以鸽子象征和平。这些都是抓住二者之间的某些相似点指此说彼，以唤起类似联想。艺术创造中广为运用的比喻和象征手段，其心理根据就是类似联想。

③ 对比联想。两事物在性质或状貌对立关系上建立的联想。对比联想的功能，主要不在于强化对某一对象的感受，而在于强化对两事物所具有的对立关系的理解和感受。如从"环肥燕瘦"来形容杨贵妃、赵飞燕的相反的体态美，就是对比联想在审美领域的表现。

引发联想的因素很多，但最重要的因素是审美客体引发大脑的条件反射。所以，审美主体要不断提高自身的文化、专业修养，增加知识的积累，为审美联想的条件反射储存丰富的材料，才会引发丰富的联想。

（2）审美想象

审美想象是指在审美活动过程中，审美主体不是消极地直接观照对象，而是积极地调动和改造由于审美客体的刺激再现出来的过去记忆中的表象，从而丰富和完善审美对象，或创造出新对象的心理过程，是比审美联想更高一层的审美心理活动。构成审美想象的表象是审美主体在记忆表象的基础上，遵循美的规律，对审美客体进行再设计、改造、加工而创造出的未感知过的新表象。形象设计师在对设计对象进行设计时，必须根据美的规律，构思设计出设计对象的新形象，而这个新形象是构思前设计师和设计对象都没有感知过的。类似这样的情况就是审美想象在形象设计审美活动中的应用。审美想象的方式主要是有意识的再造想象和有意识的创造想象。所谓"有意识"，是指形象设计审美主体的想象是有预定目的、有计划、有组织的。

① 再造性想象。审美再造想象是审美主体根据语言或非语言的描述,包括别人提供的形象化描述进行种种组合,构成一种新的、但客观上已经存在的表象,在头脑中形成审美客体新表象的过程。许多影视舞台中的人物形象设计就是审美再造性想象出来的,如电视剧《红楼梦》就是编剧导演阅读了《红楼梦》小说,通过作品中的语言、修辞、人物特点、故事情节等,在头脑中再现大观园的生活和林黛玉、贾宝玉、薛宝钗、王熙凤、晴雯等人物形象,然后依此选景和选演员扮演,再现《红楼梦》中描述的形象。

② 创造性想象 审美创造性想象是无需借助他人的叙述或文字的描述,而是将自己记忆中储存的表象作创造性的综合,独立创造出新颖、独特的形象的心理活动。这种想象在艺术性形象设计的创造中起着重要的作用。艺术上创造性想象,既可以创造出实际生活中存在的类似的、典型化的人物形象,也可以创造出实际生活中根本不存在的形象,如《西游记》、《封神榜》中大量的神、半人半神、妖怪的形象。人面狮身的斯芬克斯,猪头人身的猪八戒。在想象的世界中一切界限都打破了,幻觉、梦境、神话、传奇、可能、现实、理想在这里融为一体,这给审美欣赏和审美创造提供了自由驰骋的广阔天地。

4. 审美情感

审美中的情感活动是以对审美对象的感知作为基础的。同时,从审美感知开始,情感因素就介入,情感是人们在社会实践中对客观事物的一种主观态度。审美情感以日常情感为基础,包含主体对审美对象理性的、社会的评价,是高级的情感类型。审美情感又是审美心理中最活跃的因素,它广泛地渗入其它心理因素之中,使整个审美进程浸染着情感色彩。同时,它还能诱发其它心理因素,推动它们的发展。审美中的情感活动又与想象密不可分。情感因素给想象因素提供了动力,给想象插上翅膀。审美情感与理解因素有着特别密切的关系,情感作为主体对待客体的一种态度,必然与人的活动、需要等利害关系相联系,从而表现出种种不同的情感,如肯定与否定、爱与恨、喜与悲等。

在审美活动过程中,情感活动的方式是多样的,其中最著名的是"移情"说。移情现象是原始民族形象思维中的一个突出的现象,在语言、神话、宗教和艺术的起源里到处可以看出。

5. 审美理解

审美理解是对审美对象的一种理性思考和认识。我们在审美活动中总是不假思索地让自己的感知、想象和情感循着对象的指引而自由和谐地进行着,在获得审美愉快中,蕴涵着对对象所有的社会理性内容的理解和认识。因此,这种理解是在美感诸要素的自由运动中暗地起作用,而使美感既不同于生理快感,也不同于概念认识。一般来说,自然美偏重于感知,理解的成分较少;科学美偏重于理解,感知的成分较少;社会美和艺术美介于两者之间。审美理解有以下两个特点。

（1）理解的非概念性

审美理解表现为超感性而又不离感性,趋向概念而又无确定的概念,是理性积淀在感性之中,理解溶化在感知、想象和情感之中。也就是说审美和艺术有理解、认识的功能、成分和作用,却找不到它们的痕迹和实体,它不是通过概念而是通过形象来表达某种本质性的东西,给人以一种不脱离具体形象的感受和体会。古代以"深山幽谷埋古寺"为题作画的故事中,众人纷纷在寺庙上下工夫,但有个画家只画了一个和尚在涧边挑水,反而使人通过想象深深感受到深山幽谷处僻静古寺的意境,理解消融于丰富的想象之中。可见,只有审美理解、认识功能,才使画家和欣赏者有如此丰富的想象。

（2）意义的无穷性

审美理解对于对象的理性内容的理解和认识,不像理论认识那样确定,它往往是朦胧多义的,一时难以用概念穷尽表达。审美活动不是抽象思维,因而其指向不是既定的概念,而是生动活泼的自由联想,这不是几个概念能说清楚和替代的,它只"可以意会而难以言传",但在意会中却能"微尘中有大千,刹那间见千古"。

由于理解因素的渗入,审美首先必须有明确的观赏态度,必须把审美或艺术中的事件、情节和情感与现实生活中的事件、情节和情感区分开来。其次要有与审美对象相关的必要知识储备,这些知识包括对对象的象征意义、题材、典故、技法、技巧程式等项目的理解。再次要有较高的文化素养和丰富的生活经验积累,除了具备起码的审美态度和关于对象含义的理解外,审美主体本身的素质也是很重要的,同样欣赏一个对象,具有丰富的知识和生活阅历深广的人,会比一般人引发出更丰富的联想和想象,激发起更深沉的情感。

三、形象设计审美主体与审美客体

在人类审美活动中,人与对象、主体与客体始终处于一种对立统一的状态。而审美主体与审美客体的形成,体现了人类生产劳动的发展成果及其水平。审美主体与审美客体的性质与特征表明,审美主体与审美客体是一对动态范畴而非实体范畴,它们随着人类生产劳动的发展而走向内容的丰富性。

1. 审美主体及其性质

所谓主体,是在生产劳动过程中对象化了的现实的人。而审美主体则是有着内在的审美需要、审美心理机制,并现实地承担着审美活动的人。审美主体的性质具有以下主要特征。

（1）审美主体是在具有社会属性前提下的个体性与群体性的统一

作为审美主体,人既是一个特殊的、有着自己的思想情感、审美理想、情趣爱好等的个体,同时又是一个"总体"的社会人,他的一切思想行为都必须与社会的总体观念保持某种一致性。任何片面夸大审美主体的个体性而贬低群体性,或片面抬高审美主体的群体性而忽视个体性,都无法真正把握住审美主体的性质。

（2）审美主体是主动性与受动性的统一

审美主体是在人改造客观世界的生产劳动中形成和发展起来的,他能够以积极主动的姿态去认识自然和社会领域的审美现象,并利用特殊的传达方式表现出对审美现象的主观评价,这是审美主体主动性的表现。但与此同时,审美主体又是受动的,主体的一切审美行为及其表现美的形式都要受到审美对象的性质、存在方式等的影响与制约。由于客观世界变化发展,审美现象变化不定,所以审美主体的活动与主体审美需要、审美心理机制等也都要受到一定的影响。

（3）审美主体的心理机制是在人类的劳动中形成、丰富和发展起来的

人类改造客观世界的生产劳动具有双重品格。一方面，人通过生产劳动的形式实现着人与自然的物质交换，在交换过程中，人有目的地改造了客观世界，同时也催生了人的审美意识，促成了审美的发生；另一方面，人类生产劳动也创造了人本身，使人成为"具有自然力、生命力，是能动的自然存在物"的社会的人，正是在这一人类生产劳动的发展过程中，主体的审美感受力与审美心理机制才得以从对象的实用价值认识中区别出来，并日益得到丰富和独立的发展。这就表明，虽然主体的审美心理机制在日后已越来越远离一般的生产劳动过程，但在根本上，它却始终是人类生产劳动的产物。

2. 审美客体及其特性

审美客体是被审美主体所感受、体验、改造的具有审美属性的客观对象，是在生产劳动中人化的对象。客体只有作为主体的对象而存在，才可能是对人有意义的存在，离开了人，客体也就不会具有对人而言的价值。人的现实只能是人化的自然、人化的世界，审美客体只能是客观世界中同主体本质力量相对应，并被主体审美活动具体确证的客观对象，它体现了客观事物由自在的自然之物进入到同社会主体相联系、带有社会属性的客观存在行列。审美客体的特性具有以下几点体现。

（1）审美客体是不断变化发展的

审美客体的变化发展标志着人类生产劳动的历史进程。人类审美发展的历史表明，人类早期的审美对象是与物质生产对象紧密联系在一起的，由于生产力水平的低下，人类活动范围的狭窄，致使审美对象仅仅限定在人类生产劳动的范围内。随着人类生产劳动能力的提高，生产劳动范围的扩大，生产交换的加速，人们对事物的感受、对象的欣赏才逐渐突破了地域和活动范围的限制，审美领域逐渐扩大。

（2）审美客体的发展是由生活形态到审美意象再到艺术形象的变化过程

早期人类由于生活范围的狭窄，想象力的贫乏，其对外部事物的感知也常常局限于周围与他们密切相关的生活现象。随着人的感受能力的提高，特别是再造性想象与创造性想象的出现，原来那些与人们密切相关的生活现象被赋予了审美的意义和价值，纯粹的客观存在由于附加了人的主观情感，而使得客观存在的"象"具有了主观情感的"意"，成为审美的意象并最终体现了客观真实与心理真实的矛盾统一。然而，这种审美的意象还仅仅停留在主体的主观心理之中，还需要进一步把它客观地表现出来，这就是由审美的意象走向艺术的形象。艺术形象是审美意象的物态化形式，是审美主体在长期、反复地对审美意象加以艺术构思后，最终用不同的传达媒介而表达出来的美的集中形态。

（3）人对自我的认识与体验也是审美客体的一种重要形式

人对自我的认识与体验，是伴随主体地位的形成而发展起来的。在生产劳动过程中，人通过客体反观到自身，只是在开始的时候，人还只是注意到自己的外在形体，从中发现了对称、比例等美的形式。随着人的认识能力进一步增强，人对自我的认识也逐渐由外在现象方面走向了对内心世界的体验，这时，人自身的情感、意志、想象等各种心理因素便成了人自己的审美对象。

3. 形象设计审美主体

形象设计审美主体是在形象设计审美实践中，按照美学和形象设计原则，实施形象设计审美评价和创造形象设计美的人。在形象设计审美实践中，形象设计师、设计对象和观者都是形象设计审美主体。形象设计审美主体应该具备如下特征。

（1）有健全的感官和完善的思维

没有健全的感官，就不能感知和选择审美对象，没有完善的思维，就不能形成审美意识。

（2）有形象设计审美实践的经历

形象设计审美主体的审美观、审美理想和审美能力对审美有直接的决定性作用，形象设计审美实践的经历越丰富，设计审美主体的审美能力就越强。

（3）有相应的形象设计审美表现力

形象设计审美主体在设计实践中善于综合考虑设计对象、观者的审美需求和美学、形象设计的原则，并根据自身的审美经验，选择合适的造型、色彩、材料或改造材质的性能来进行实践，设计出新的形象设计审美对象。

4. 形象设计审美客体

形象设计审美客体是审美活动中具有形象设计美特质的一切人和事物。它是激起形象设计审美主体的审美意识的客观存在，也是形象设计美感的源泉，同时它又制约着形象设计审美主体的审美态度和审美创造。形象设计审美客体具备如下特征。

（1）客观的自然性

客观存在是形象设计审美客体的最根本的特征，主体的形象设计审美意识是对客观存在的反映。自然性是形象设计审美客体的另一属性。尤其当审美客体是审美消费者时，他（她）是以其自然本相呈现在形象设计审美主体面前来，激起审美主体创造美的激情。

（2）设计的联系性

成为形象设计审美客体的人、事、物都必须和形象设计活动发生联系，尤其是当人成为形象设计审美客体时，由于他（她）们对形象设计、美学知识的认识不够或缺失。此时的审美主体就成为客体和形象设计、美学知识联系的纽带。

（3）形式内容的多样性

随着人们对形象设计认识的转变和形象设计审美实践的不断发展，拓展和保证了形象设计审美客体的范围形式，被人认识的审美对象的形式越来越多，内容也越来越丰富。

5. 形象设计审美主客体的审美差异

形象设计审美主客体的审美差异，主要是指形象设计师、设计对象、观者成为审美主客体时的审美差异，主要体现在审美心理和文化背景的差异。

（1）审美心理差异

审美心理差异主要是指在审美活动中主客体的审美注意和审美心态不同而造成的差异。

① 审美注意存在差异。审美主体在审美实践中注意的是审美对象整体的和谐统一，而审美客体注意的则是和自己审美需求有关的局部审美效果。比如对要改变发型的设

计对象来说，其审美注意仅关注设计后的发型效果，而设计师关注的则是改变后的发型是否与整体和谐统一。

② 审美心态存在差异。在形象设计审美实践中，审美主体更多地持积极主动创造美的心态，而审美客体则是以被设计的被动心态为主。

（2）文化背景的差异

文化背景差异主要指在审美活动中因主客体的教育程度、职业背景等的不同而造成的审美差异。

① 教育程度存在差异。在形象设计审美活动中，审美主体的教育程度越高，受社会主流文化和审美文化影响越深刻，对形象设计审美活动的目的、意义和作用的认识越到位。作为审美客体的设计对象，由于教育程度参差不齐，审美观念、审美理想上存在着很大的差异，教育程度的差异会直接影响审美主客体的审美注意、趣味、观念、情感、对美的本质的认识等审美心理和意识。

② 职业背景差异。在形象设计审美实践中，形象设计师对美学原则、形象设计有全面、准确的认知，并具有应用专业知识塑造设计对象、创造美的能力；设计对象的职业背景各不相同，可能了解一定的审美原则，但对形象设计可能认知不足，在审美实践中对美感往往有不稳定性和不自觉性，对起审美主导作用的设计师有很大的依赖性。在形象设计审美活动中，审美主体应该充分利用自己的专业知识，对审美客体的审美需求进行有效指导。

第二节 美感与形象设计美感

人类的审美感受是一个蕴藏着理性内容的、为人类所特有的极为复杂的心理活动过程，它包含着情感和个体对美的感受能力等因素。美感的愉悦性离不开人的情感因素同审美对象的呼应或共鸣。在审美活动中，作为审美主体的人始终处于丰富的情感状态之中，客观美的事物通过人们的感官感受，导致情感的联想及共振，并产生呼应或升华及兴奋或愉悦，从而产生美的感受。

一、美感

美感是美学中与美的问题同等重要的问题之一。研究美感关系到美学的全局，美感作为人类对美的主观反映，来源于美但又不等同于美。美是客观的，是引起美感的根源，是第一性的；而美感则是人类对客观美的认识、感受、欣赏、评价，是第二性的；美感虽然离不开美，有了美才有美感，但是，美感受主观因素特别是心理因素影响很大。即使是同一个人欣赏同一个审美对象，由于境遇和心境不同，所产生的美感也不相同。

美感作为人类对美的主观反映，是认识，但又不是一般的认识。在情感体验中虽然也有理性思维活动，但它融化于情感之中，情感、启示、满足、愉悦是人对美主观反映的特殊形式。这种反映形式是以情感为纽带，相互渗透、作用、促进的综合过程。美感作为人类对美的主观反映，是社会意识，但又不是一般社会意识。美感这种社会意识比一般社会意识更加需要充分发挥主观能动性，以致有的客观存在的美只有依靠这种能动性的反映才能说明。马克思说："只有音乐才能激起人的音乐感；对于不辨音律的耳朵来说，最美的音乐也毫无意义，音乐对它来说不是对象。"由此看出，只有审美主体感受到了并能动地反映了对象的美，才能看到美是客观存在的。但需要说明的是，美的客观存在是不以审美主体的反映为转移的。

1. 美感的含义

什么是美感？顾名思义，美感就是主体对客观审美对象的体验或感受。当我们步入苏州园林，欣赏那曲径通幽的小道和小巧精致的亭台楼阁时引起的喜悦心情，当我们读一本好书，或看一场高水平的电影时，随作品中的人物喜而喜，悲而悲的体验，就是美感。确切点说，美感是人特有的一种心理现象，是人的意识对美所产生的主观体验、感受、认识和评价。作为一个重要美学范畴，美感有广义和狭义之分。

① 广义的美感泛指审美意识。所谓审美意识，就是在审美实践的基础上不断形成和发展起来的审美体验、审美认识和审美能力的总和。包括审美感受以及在审美感受基础上形成的审美趣味、审美能力、审美要求、审美理想、审美观念等多方面的内容。

② 狭义的美感专指审美感受。这种审美感受是由客观审美对象的审美属性引起的人的情感上愉悦的心理状态，是人们在审美过程中的心理感受，是审美主体对审美客体中美的主观体验。也就是说，狭义的美感是人们接触了客观的审美对象以后所引起的一种综合感知、想象、情感、理解等因素的复杂的特殊的心理现象。

2. 美感的特征

马克思主义美学认为，美感是人类接触到美或美的事物时，所引起的一种主观反映，一个对象之所以能引起人们的美感，并不是由于虚无缥缈的观念，也不仅仅由于对象某些自然属性的特征，更不是天生的本性，而是由于人们从美的对象可感形式中，看到了与自己的创造性生活相联系的东西，而引起愉悦的心理情感状态。

（1）美感具有直觉性的特征

当人们接触到美的事物时，往往无需经过认真的思考、逻辑的推理或理论的论证，就能一下子直接感受到事物的美。美感之所以具有这种直觉性，是因为审美对象总是具体可感的。美感的直觉性并非意味着美感中没有丝毫理性的东西，实际上这种直觉是在对美早有理解后的更深刻的感觉中产生的，美感是以感性形式表现出来的感性认识与理性认识的统一。

（2）美感具有情感性的特征

人们在审美活动中，审美主体始终是处在愉快、喜悦、惬意、舒畅、满足，甚至陶醉等丰富的情感状态中。审美的最终效果也表现为这种精神上满足的实现及其所达到的程度。美感的情感性是由美具有感染作用的特点决定的。美感的情感性也并非脱离思想理智的孤立的情感，而是透着理性，并经过理智引导与规范的情感。

（3）美感具有记忆性和惯性的特征

在审美过程中，客观存在的美会通过人们的审美经历，在大脑中留下记忆，将审美经验储存起来，长期的审美习惯还可以形成条件反射，在下次的审美过程中，当美的信息一传入人的大脑，马上就能惯性地唤起审美记忆而产生美感。

（4）美感具有个体差异性的特征

美是客观存在的，但是人们在欣赏美的时候，面对着同一个审美对象，每个人所产生的审美感受往往是不完全一样的，即使是同一个人对同一个审美对象，由于时间、空间的不同，也会产生不同的审美感受。这就是审美活动中的个体差异性，或叫做美感的主观性。审美活动中的这种个性差异，完全是由审美主体的审美能力、文化艺术修养、生活经验、思想感情、道德观念，以及特定的心境等心理因素等主观条件的不同造成的。因此，审美活动也是对审美主体的一种检验。一个人的文化修养、思想境界、道德情操，都会在审美活动中充分地表现出来。

（5）美感具有时代性的特征

作为一种社会实践活动，美感必然要受社会经济、政治、文化、习俗等因素的制约与影响，随着时代的变迁，社会经济、政治、文化、习俗也发生相应的变化，这种变化反映到审美实践中，就表现为美感的时代性。

（6）美感具有民族性和阶级性的特征

民族是人们在历史上形成的一个有共同语言、共同地域、共同经济生活，以及表现于共同文化上的共同心理素质的稳定的共同体。同一民族成员受到这些相同条件的影响，必然在审美活动中表现出某些共同的因素来，而这些因素对于其他民族来说，就构成了鲜明的民族特色。阶级差异也同样会在审美活动中表现出来。

（7）美感具有功利性的特征

一方面，美感作为个人的直接感受，不但是非概念的，也是非功利的。对于个人来说，是一种非功利的审美直觉和审美愉悦。另一方面，美感是人类实践的产物，它总是直接或间接、明显或隐晦地打上社会功利性的烙印。美感本身的这种内在矛盾，即个人审美的非功利性和社会功利性的对立统一，就形成了美感所特有的矛盾两重性。

（8）美感具有共同性的特征

审美活动中尽管存在着个体的、时代的、民族的、阶级的差异，但我们不能把这种差异绝对化。事实上，即使是不同时代、不同民族、不同阶级的审美主体，对同一审美对象往往仍能找到一些相近或相似的审美感受，这便是审美活动中的共同性。产生这种共同性的原因，是多方面的。从审美对象来看，有些审美对象本身没有或较少阶级、民族或时代的差异，如自然美、形式美以及一些思想政治倾向比较淡薄或隐晦的艺术作品等；就审美主体来看，即使分属于不同的阶级，但因为生活在同一时代或民族，仍然可以有某些共同的审美趣味、习惯与理想。不同时代的人们固然具有不同的审美意识，但审美意识作为人类一种历史发展的产物，它仍有历史继承性的一面。民族与民族之间也是既有差异也存在着互相影响、互相渗透的因素。

二、形象设计美感

美感是在审美基础上形成的一种感情，但又渗透着理性的思维，美感的心理思维机制是一个十分复杂的过程，在直观的基础上融合着主体的审美意识、审美观念、审美理想等。形象设计美感是设计师感受美、理解美、评价美而获得的精神愉悦，也就是设计师接触到设计对象时的心理状态，又是设计师对设计对象的直观体验、理性内涵、情感体验的高度融合。

1. 形象设计美感的形成

（1）美感始于直观

美感是在审美的基础上形成的一种愉悦的心理体验，它的形成始于直观。形象设计美感首先要面对设计对象的感性貌状，如头型发型、面型五官、身材比例、言谈举止等。通过对这些美的表象的感知，形成美的体验。形象设计美感形成的直观性还表现在对美的欣赏不假思索便能肯定设计对象的美与丑。

（2）对美的理解评价

美感的形成从直观开始，但又不排斥理性因素，这种理性因素积淀在对美的评价和理解中。设计师面对设计对象时，在自己的审美经验的作用下会引发与设计对象的和谐共鸣，产生与设计对象有关的对比、想象、联想，形成对设计对象的理解、评价。这种理解、评价使设计师对某个或某类审美对象产生较稳定的喜爱或偏好的情感和美的体验。这种审美评价、审美理解又是连接直观和美感的纽带。

（3）直观升华到精神愉悦

美感是情感的一种，是精神愉悦的表现。在对美体验的基础上，设计师赋予设计对象以诗意，并从中体验到物我和谐统一的自由心境和游心于物的快乐，这时意味着美感形成。在美感的形成中，设计师的情感和审美需求是统一和谐的，正是这种和谐统一才使设计师产生愉悦。

2. 形象设计美感的思维过程

（1）对设计对象的直觉

直觉即直接感知。客观存在即美的存在。形象设计对美的直觉充满着设计师的智慧和对设计对象的审美经验、本质察觉，是一种感性视觉融入情感的理性化。设计对象又直接作用于设计师感观的审美直觉特性，对设计师的审美选择有决定意义。

（2）确定审美选择

设计对象的美感往往是多方面的，既有作为人的设计对象，也有作为物的设计对象，更有人和物的组合中所形成的整体感。确定审美注意实质上是在进行审美选择，即设计师通过形象思维，调动在反复的审美实践中形成的审美经验和感受，引发审美体验，确定设计对象的美或不足。

（3）比较判断形成美感

设计师在直觉感知过程中，需要将储存在头脑中的理性意象跟直觉感知到的表象作比较，以便直接做出审美判断，确定美丑。例如初次见到设计对象时，设计师会在大脑审美储存中搜寻已有的审美经验，并将面前的设计对象和审美储存中的具象作比较，如果设计对象和审美储存中的被肯定的审美具象有一致性，加之喜爱、肯定等情感反映，就会形成美感体验。

3. 形象设计美感的特征

（1）形象设计美感的功利性

和一般美感的功利性消融在审美享受的愉悦中不同，形象设计美感的功利性就是指形象设计美感必须合规律性、合目的性。违背了形象设计规律和美学原则、不能体现目的性的形象设计，就形不成形象设计美感。

（2）形象设计美感的引发对象是人

引发形象设计美感的客观存在主要是形象设计活动中的设计对象，形象设计师面对的是缺少形象修饰或修饰不完美的设计对象。形象设计美感是设计师将设计对象的方方面面整合后产生的精神愉悦。

（3）美感和形象设计情感的相融性

形象设计美感是美感和形象设计情感相融的产物。设计师在形成美感的过程中，起主导作用的是职业责任感和为设计对象从内到外、从头到脚，根据其个人特征量身打造最适合、最具美感的形象而产生的自豪感。

第三节 形象设计的美学价值

形象设计的目的在于培养人审美化的生存能力，使人加强自身的生命意识和生命体验，以便在生命历程中达到自我实现的目标。美的本质是人的本质最圆满的展现，审美是人的生命活动向精神领域的拓展。

一、形象设计的审美内涵

审美是一种超越于功利目的观照活动，当它把人的形象作为审美对象时，这种形象连同它所具有的审美价值便成为直观欣赏和情感体验的中心。审美作为一种价值判断，这种判断总是趋向于真善美的统一。所以，形象设计的审美成为发展人的感性生活的一种导向，成为人对自身能力进行自我意识和自我享受的重要内容。对人的审美观照，首先涉及的是人体美的观念。人体美不仅是形体和容貌，还包含行为举止、谈吐和风度。这是一个由平面到立体、由静态到动态，以及由内在到外在的多层面的组合体。

1. 容貌与形体

人的容貌、形体的美是一种生命活力美，大多由自然的因素决定。

（1）容貌美

指人的五官、气色、表情的美。一般五官比例和谐、位置恰当，就可以称之为美。气色是指人的面部肤色和精神面貌。人只有身体健康、心情愉快，气色才会美。表情指人的面部神态。《诗经·硕人》描写卫庄公夫人"巧笑倩兮，美目盼兮"，就是表现人的表情的美。人的容貌有表情，五官才会生动，容貌才会光彩照人。

（2）形体美

指人的形体在结构形式方面的协调匀称、和谐统一。在形体的均称上、身高与三围（胸围、腰围和臀围）的关系是构成形体轮廓的重要标志。男性体格的挺拔、健壮和匀称，给人以美和力的感受。女性的婀娜和妩媚，圆润的肩头、丰满的前胸、腰身的曲线和修长的双腿都会令人陶醉。在古希腊雕塑中，皮翁比诺的《阿波罗》和米洛的《维纳斯》正是人体美的写照和赞歌。罗丹说："没有比人体的美更能激起富有感官的柔情了；在他们塑造的形象上、飘荡着一种沉醉的神往。" 形体美有线条生动柔和，结构符合比例（女性以S形为美），皮肤光滑细腻，色泽健康，动作协调敏捷、富于活力的特征。

2. 体态与举止

体态是人体在活动过程中所呈现的各种姿态，它既是一种无声的语言，可以传达出人的潜意识心理，又是人的形体变化构成的造型。举止是人的体态在动态过程中的展示。中国古语"坐如钟，站如松，卧如弓，动如风"，反映了由人的体态向人的举止演进的过程。

（1）体态美

人的体态和动作具有表情性质，成为一种无声的语言，它是人的机体对外部刺激的反应，传达着人的情绪和意向。体态美作为一种动态性的美，它可以突出人体轮廓和线条的起伏变化，呈现出运动的节奏和旋律。车尔尼雪夫斯基说："动作的敏捷与优美，是人体的端正和匀称的发展标志，它们无论在什么地方都是令人喜爱的。"

（2）举止美

人的举止在社会生活中具有重要意义。举止美指人的行为、仪表、动作、仪态，是人在长期的社会实践中形成的个人风度。如果说人的容貌是先天的遗传，那么动作举止便是后天训练和培养的结果。一个人容貌姣好而举止不雅，一举手一投足便显得粗俗不堪，会给他人留下不良的印象。动作的敏捷、协调和准确，举止的端庄、优雅和稳健，在社会交往中会唤起人们的审美注意，从而在人际关系中产生融洽而协调的环境气氛。优雅的动作举止具有合目的性、合分寸感的特征，同时会呈现出富有节奏和旋律的动态美。

3. 气质与风度

气质是人的相对稳定的个性心理特征，而风度则是一个人的内在气质通过行为的外在自然流露，它是个人形象给人的综合印象。

（1）气质美

气质是人的最内在的精神品质，它具有某种后天习得的成分，这可以从不同职业性质的人身上看出。气质分为四类，即胆汁质、多血质、忧郁质和黏液质。随着人的性格的差异，人的气质会呈现出多种多样的形态，有的人性格开朗，风度潇洒大方，在气质上表现为聪明；有的人性格沉稳，风度温文尔雅，气质上表现为高洁；有的人性格直爽，风度豪放雄健，气质上表现为粗犷；有的人性格温柔，风度秀丽端庄，气质表现为恬静。与容貌美相比，气质美是永驻而长存的，不会随着青春年华而消退。所谓"风韵犹存"便是气质的外在表现。一个相貌平平的人，却可能由于气质的良好而胜出于那些外貌靓丽、穿着入时的人，从而取得亲和力。

(2) 风度美

所谓风度翩翩，就是由人的风度的洒脱和飘逸所产生的形象魅力。风度美首先来自良好的精神状态。神采奕奕、精力充沛、感情丰富，便会具有一种引人注目的光彩。这种神态表情体现了一个人的自信和对世界及他人的关爱。其次风度美又是个性美的表现，它总是与每个人不同的气度、品性和情趣相关联，从而表现出因人而异的独特风采，不论是淡雅婉约、清丽自然，还是活泼纯真、豪放粗犷，都是一种自然的流露，而不能靠外在的模仿。

4. 言谈和礼仪

言谈与礼仪是人的内在美的外显，是人的文明程度的表现，它充分地反映一个人的学识修养水平。

(1) 言谈美

言谈美即语言美。指人说话时语言内容有条理、准确生动、风趣幽默、纯洁文明，语音甜美悦耳，语气亲切柔和，语调快慢适中、抑扬顿挫。这样的语言风貌就能引发人的美感。

(2) 礼仪美

礼仪是文化的一个组成部分，也是社会文明的一种标志，因此也是个人形象的构成要素。每个人都想获得别人的尊重，所谓礼貌待人，便是用自己喜欢别人对待自己的方式来对待别人。正如歌德所说："一个人的礼貌就是一面照出他的肖像的镜子。"礼貌不一定是一个人智慧的标志，但不礼貌总会使人怀疑这个人的愚蠢。因此，礼仪在形象设计中的审美内涵是态度诚恳、自然、大方、和气亲切，区分不同对象、采取相宜礼节，出现分歧、冷静对待，并能根据不同场合调整情绪状态。

二、形象设计的美学原理

在审美活动中，个人的精神需要、生命表现能够成为世界的一面镜子，使得人对世界认识的深度与自我体验的深度融合成一种新的直接性。审美的世界是人类自身的世界，是人对自身与主客体关系和谐状态的体验和玩味，所以说，审美是人类的一种自我意识，它要确认这个世界在多大程度上适应于人本身。形象设计是对人的外观表现的一种审美创造，它的实现必须依据于美的规律。

1. 形象设计是审美对象的自我认同

形象设计师是为别人设计的，接受设计的人是作为一个社会公众的审美对象而出现的，设计的结果要使审美对象取得公众的审美认同或赞赏。因此，社会公众是审美主体，而接受设计的人则是审美对象。但是，接受设计的人不仅要面对社会公众，同时首先要接受自我，把自己作为审美对象来审视，也就是说，接受设计的人既是审美对象又是审美主体，在这里实现了审美主体与对象的一体化。只有接受设计的人对自我形象感到满意，他才能对这一形象定位做出准确的诠释，并且主动地发挥这一形象的外在影响力。因此，接受设计的人只有认同这一形象，才是这一形象设计取得成功的前提。

2. 形象设计是审美对象的个性表现

形象作为人的外在表现，应该与人的内在特性相一致。因此，形象设计作为人的形象的审美创造，必须依据形式与内容相统一的原理进行。任何具体的美的形态都应是个性的申张，是某种个性化的情态风姿，这种个性的美，可以是平易朴实的，也可以是潇洒飘逸的，或者清纯秀婉的，或是雍容华贵的。总之，每个人的形象都应具有其独特的风韵，因为每个人都有不同的身份特征、不同的职业和性格，以及不同的生活经历和文化背景。形象设计具有提升人的审美的作用，这种提升离不开人的内在个性特征，因为个性特征是人性美的重要方面，任何人的形象都应表现出其个人风格的独特性。形象设计作为仪表的审美导向，在提升其形象时只有将个性美的要素彰显出来，才可以取得形象的生动和鲜明。

三、形象设计的美育功能

美育是一种形象化的情感教育，它在于培养人的审美鉴赏力，从而使人的感性与理性、物质与精神世界达到和谐。美学家席勒曾经指出："有促进健康的教育，有促进知识的教育，有促进道德的教育，有促进鉴赏力和美的教育。这最后一种教育的目的在于，培育我们感性和鉴赏力量的整体达到尽可能的和谐。" 形象设计作为一种美育的手段，便是通过对人的形象的审美塑造，揭示人的人性美并为个性发展提供一种审美导向。因此，形象设计是强化人的自我意识的一种审美教育。

1. 能提升人的精神境界

形象设计有助于人格的审美塑造，从而点燃生命活力和生活激情。人对形象的审美观照，可以唤起人的生活意识和培育人的审美理想，从而使人超越功利的局限，提升人的精神境界。

2. 能促进个人事业的发展

形象设计有助于提高人的审美鉴赏力和创造力，培养人的生活情趣，使人学会穿衣打扮，注重仪表和举止，讲究文明礼貌，这使人对待生活保持一种平和而超脱的心态，从而能用欣赏的态度去对待生活。同时，形象设计又可以使人在公众面前取得良好的第一印象，为人际交往和沟通创造了良好的前提，从而增强了人在生活和交往中的自信心，促进个人事业的发展。

复习思考题

1. 什么是美感?
2. 形象设计审美主客体有哪些差异?
3. 简述审美活动的特征。
4. 简述美感的特征。
5. 简述形象设计美感的形成。
6. 试述审美心理的构成。
7. 试述形象设计的审美内涵。

第三章 形象设计形式美及法则

学习目标：通过本章学习，使学生理解形式美的概念及特征，掌握形式美的法则及其在形象设计中的运用。

在日常生活中，美是每一个人追求的精神享受。当接触任何一件有存在价值的事物时，它必定具备合乎逻辑的内容和形式。在现实生活中，由于人们所处的经济地位、文化素质、思想习俗、生活理想、价值观念等不同而具有不同的审美观念，然而单从形式条件来评价某一事物或某一视觉形象时，对于美或丑的感觉在大多数人中间存在着一种基本相通的共识。这种共识是从人们长期生产、生活实践中积累的，它的依据就是客观存在的美的形式法则，我们称之为形式美法则。在我们的视觉经验中，高大的杉树、耸立的高楼大厦、巍峨的山峦尖峰等，它们的结构轮廓都是高耸的垂直线，因而垂直线在视觉形式上给人以上升、高大、威严等感受；而水平线则使人联系到地平线、一望无际的平原、风平浪静的大海等，因而产生开阔、徐缓、平静等感受……这些源于生活积累的共识，使我们逐渐发现了形式美的基本法则。在西方自古希腊时代就有一些学者与艺术家提出了美的形式法则的理论，时至今日，形式美法则已经成为现代设计的理论基础知识。

第一节 形象设计形式美的概念

形式美是美的一种范畴，指客观事物和目的性的外观形式，亦指由人工按照美的规律创造出来的结构形式。

美的形式可分为两种，一种是内在形式，它指创作者所想表现的真、善的内容；而另一种是外在形式，它与内容不直接相联系，指内在形式的感性外观形态(如材质、线条、色彩、气味、形状等等)。作为具体可感的美的事物，必须有美的内在形式，但仅有美的内在形式还不能构成审美对象，还必须具有外在形式，也就是内容借以显现出意蕴和特征的形式。美的事物必须是内容和形式的统一，只有通过一定的感性形式，将内在的意蕴显示出来，才能给人以审美感受。

一、形式美与美的形式的区别

形式美是一种具有相对独立性的审美对象。它与美的形式之间有着质的区别。美的形式是体现合规律性、合目的性的本质内容的那种自由的感性形式，也就是显示人的本质力量的感性形式。形式美与美的形式之间的重大区别表现在以下两个方面。

1. 所体现的内容不同

美的形式所体现的是它所表现的那种事物本身的美的内容，是确定的、个别的、特定的、具体的，并且美的形式与其内容的关系是对立统一，不可分离的。形式美则不然，形式美所体现的是形式本身所包容的内容，它与美的形式所要表现的那种事物美的内容是相脱离的，并单独呈现出形式所蕴有的朦胧、宽泛的意味。

2. 存在的方式不同

美的形式是美的有机统一体中不可缺少的组成部分，是美的感性外观形态，而不是独立的审美对象。形式美是独立存在的审美对象，具有独立的审美特性。

二、形式美的内容与形式

客观世界的任何事物，都有其内容和表现这一内容的形式。所谓内容，是指构成事物的各种要素，包括事物的内在矛盾、特性、运动过程和发展趋势等的总和。所谓形式，就是内容诸要素的结构方式和表现形态，是内容的存在方式。内容是决定事物性质的基础，形式是为内容所要求的存在方式，因而内容决定形式，形式为内容服务，同时，形式又反作用于内容，形式影响以致制约着内容的表达，从而形成两者对立统一的关系。任何美的事物，总是内容和形式独特的统一体作用于人的感官，而引起美感，所以美的内容总是某种形式的内容，美的形式总是某种内容的形式。实际上，事物美的内容与其美的形式的关系是错综复杂的，大致有这么几种情况：①内容与形式都美；②内容美但形式不一定美；③形式美而内容不一定美；④内容和形式都不美。

1. 形式美的内容

形式美是自然、社会和艺术中各种感性形式因素（色彩、线条、质感、形体和声音等）有规律的组合所显现出来的审美特征。社会美、自然美和艺术美中，都包含了形式美的存在因素。形式美的内容是形式本身所包含的某种意义。如红色表示热烈，绿色表示安静，白色表示纯洁；直线表示坚硬，曲线表示流动；方形表示刚劲，圆形表示柔和；整齐表示次序，均衡表示稳定，变化表示活泼。

形式美是在人类长期的生产劳动实践（包括审美创造和审美欣赏活动）的基础上形成的。形式美作为人的对象性存在，它的形成和发展不是一个纯自然的过程，而是历史文化积淀（包括心理、观念、情绪诸多因素）的成果，是与人相关的。所以，尽管形式美的特点在于它撇开了具体对象和活动内容，概括了对象和活动的共同形式特征，但人们却总是可以从形式美中深刻地感受和体验到人的生命意义。如看到红色的火焰、飘扬的红旗、大红的灯笼，人们便会产生热烈、兴奋、喜庆的感受；又如红色放在年轻女性的嘴唇上是表现一种健康美，但如出现在鼻头或前额上则只能说是丑了。因此，美的形式所具有的普遍性的共同特征就是形式美的内容。

2. 形式美的形式

任何一种审美对象都必须以一定的客观物质材料作为其现实存在的必要条件。作为一种事物所固有的物质属性，色彩、形状、线条、声音等物质因素，既是事物的审美对象，也是事物的共同基本因素，并由这些共同基本因素构成美的形式。如基本的声音不过五种，但五音的变化，却可生出千千万万的乐曲；基本的颜色不过五类，但五色的变化，却可以产生万紫千红的色彩。同时这些物质属性还必须具备一定的审美价值，即美的形式不仅是感性的，而且是宜人的。因此，并不是所有的物质属性都能成为审美对象的条件，构成审美对象的物质属性必须都能唤起人的审美需要。美的形式就是指这些显示了人的本质力量的宜人的感性物质，包括：①自然物质材料，如颜色、声音、线条等；②物质运动所形成的规律性，如比例、均衡、对称、节奏、旋律等；③物质运动存在的形式——时间、空间。离开这些物质因素，美的内容就无从体现。

三、形式美的特征

形式美是人们长期生产、实践包括审美实践的产物，是历史文化积淀的成果，它具有独立性、抽象性、直观性和时代性等特征。

1. 形式美的独立性

形式美的独立性因素是多方面的。从美的客体对象来看，美的内容总是处于主导地位，内容决定形式，形式受内容的制约，但内容对形式的制约关系，并不是都那么直接，只要形式不损害内容，形式就可以有多种多样的存在方式，这就是形式的相对独立性；从审美的主体方面来看，一个美的对象之所以会具有巨大的感染力，其主要原因在于内容的感人至深；从人们对欣赏对象的欣赏过程来看，人们首先接触到的是客体对象的形式，然后以形式为中介进而去感受它的内容。如一个人的美总是包含内在美和外在美两个方面，人们对这个人的感受总是先从这个人的外在美开始的，其后才接触到它的内在美。对艺术作品的欣赏也是如此，看到一幅美术作品，最先进入审美视野的是其色彩、构图等外在形式的美，然后才深入地去领会作品的内容。正是形式美在人们欣赏美的客体对象中具有这种特殊的作用，所以形式美具有相对独立的审美特征。

2. 形式美的抽象性

形式美是人们从众多的形式中概括抽象出来的某些共同特征，一般只具有朦胧的审美意味。当形式脱离内容而独立地成为人们的欣赏对象后，使事物的具体形式逐渐演变为抽象形式，原本具体事物的形式，变成了单纯的色和线等形式因素的有规律的组合，这种色和线的有规律的组合，相对于具体事物的形式来说，就是抽象的。如图案化、格律化、规范化的演变，都是具体形式向抽象形式的演变。形式美的抽象性美学特征，给审美主体间接的、朦胧的、不确定性的审美感受，所以人们在欣赏形式美时，不像欣赏一个具体的美的事物那样，能给人一种比较确定的意味。如人们对红色一般会产生一种热烈而兴奋的情绪，但这种情绪具有不确定性，只有当红色处在一定的环境中并表现在某一具体的事物上时，它的审美意味才是确定的，如红花、红旗、口红、红裙子。形式美的抽象性决定了它的适应性，它适用于表现各种事物的美。

3. 形式美的直观性

形式美是美的外观形式演变而来。外观形式是审美对象的具体外观，它以生动的形式直接刺激审美主体的感官，激发想象，唤起美感，让主体在对审美对象的外观形式的感受、体验中，领悟对象内在本质的美。如人们对三亚的碧海、桂林的山水、泰山的云海等美的领悟，都是从景物的具体外观直观感受而来的。再如形象设计上经过专业设计师塑造的人物形象给人的美感，与未经过设计的状况形成鲜明的对照。人们对女性"如花似玉"、"出水芙蓉"等的形象描写，都是这种形式美的直观性特征。

4. 形式美的时代性

形式美的各种表现并不是一成不变的，时代的发展变化总是不断地赋予它新的含义，随着时代的变化而变化。形式美为适应内容的变化，在不断汲取时代的养料中在形式上也进行着更新，使形式美成为时代精神的集中体现。如旗袍就是随着时代的发展而发展的，不难发现其款式、面料和工艺从20世纪初到今天变迁的时代烙印。

5. 形式美的普遍性

形式美普遍存在于美的所有领域，是任何美的对象不可或缺的最基本的属性。自然美一般以形式美为主；社会美中人的优雅举止，丰满而富有线条的身姿；艺术美中富有表现力的结构、造型、质地、韵律、节奏等均属于形式美之列。

6. 形式美的变异性

形式美在不同时代、不同民族、不同社会中存在着差异和变化。比如对女性美的评价，《诗经》中认为"窈窕淑女"是美的典范，唐时以丰硕肥胖为美，宋时以纤秀苗条为美，现代则以丰满、匀称、均衡、敏捷并强调眉清目秀、五官端正为美，并希望在此基础上再锦上添花。西方人的婚礼以白色婚纱为美，而中国人一般以红色礼服为美。

第二节 形象设计形式美的构成

形式美的构成一般划分为两大部分。一部分是构成形式美的感性质料，主要是色彩、形体、声音等；一部分是构成形式美的感性质料之间的组合规律，或称构成规律、形式美法则，主要有齐一与参差、对称与平衡、比例与尺度、黄金分割规律、主从与重点、过渡与照应、稳定与轻巧、节奏与韵律、渗透与层次、质感与肌理、调和与对比、多样与统一等。这些规律是人类在创造美的活动中不断地熟悉和掌握各种感性质料因素的特性，并对形式因素之间的联系进行抽象、概括而总结出来的。作为人们可感知的、具有审美意义的器官主要是眼睛和耳朵。眼睛所感知的是光波，由于不同波长的电磁辐射所引起的反射不同，使人们感受到不同的色彩。由于物体不同表面上反射和透视不同光波的作用，人们还可以感知事物的不同形体。耳朵感知的是声音，声音是声波作用于耳内鼓膜引起的震动，通过听觉神经传导到大脑的一种信号。所以色彩、形体、声音具有独立的审美意义，是形式美构成的自然物质因素。

一、色彩

色彩是构成美的客体对象不可缺少的因素，也是形式美的重要物质因素。人们对色彩的辨别是认识世界的重要依据。色彩从科学的眼光看，不过是光的不同波长。光是一种放射的电磁能，呈波形的放射电磁能组成波长差异很大的光谱。人类眼睛所能接受的光波只占整个光谱的一小部分，还不到七十分之一。这一小部分也就是通常所说的可见光，而其余的大部分都是不可见光。在正常情况下，人的视感官所能感觉到的波长大约为380纳米（纳米等于一米的十亿分之一）到760纳米。由于不同波长的电磁波作用于人的视觉，使人们感受到不同的色彩。波长在760纳米到380纳米的光谱段，依次是赤、橙、黄、绿、青、蓝、紫七种色彩。色彩还能向人们传达一定的感情意味，引起人们情感的反映，人类在长期生产实践中凭借色彩经验去认识和改造世界，传达信息，并赋予它一定的生活意义和观念情感意味，将其逐渐规范化为独立的审美对象。色彩是构成美的世界的主要因素，马克思曾说过："色彩的感觉是一般美感中最大众化的形式。"

1. 色彩的基本属性

自然界中有好多种色彩，比如玫瑰是红色的，大海是蓝色的，橘子是橙色的等等，但最基本的有三种（红，黄，蓝），其它的色彩都可以由这三种色彩调和而成。我们称这三种色彩为三原色。

现实生活中的色彩可以分为有彩色和无彩色。其中黑白灰属于无彩色系列。其它的色彩都属于有彩色。任何一种有彩色都具备三个特征：色相、明度和纯度。无彩色系与有彩色系颜色的区别表现在它只有明度属性，而缺少色相和纯度属性。

（1）色相

色彩的相貌，是有彩色系颜色的首要特征，是一种色彩区别于另一种色彩的最主要的因素。从物理学角度讲，色相差异是由光波波长决定的，在可见光谱中，红、橙、黄、绿、青、蓝、紫中的每一种色相都有着自己限定的波长与频率，它们依次排列，有条理又和谐。17世纪以来，人们将置于直线排列的可见光谱两端的颜色——红色与紫色首尾相连，使色相排序呈循环的圆，并称之为色相环。色相环的作用在于表达多种色彩组合关系及其应用规律，从而寻找到最理想的色彩转换方式，使色彩和谐配置，实现科学化与直观化。

（2）明度

色彩的明暗或深浅程度，又称亮度，它是一切色彩现象的共同属性。任何色彩都可以还原为明暗性质来理解，并以此作为色彩构成的层次与空间依托。有的色彩学者把明度称为"色彩的骨骼"。在无彩色系中，最高明度为白色，最低明度为黑色，二者之间为深浅各异的灰色。而在有彩色系中，黄色最亮，紫色最暗。

（3）纯度

色彩的饱和程度，又称彩度，纯度高的色彩纯，鲜亮。纯度底的色彩暗淡，含灰色。在色相环中，任意一个颜色加白、加黑、加灰都会不同程度地减弱该色相的纯度，除加无彩色系的黑、白、灰色可以改变颜色饱和度外，在具体艺术实践中，纯度的变化更多的是通过补色相混的形式来实现。

2. 色彩的情感属性

色彩对人的生理、心理产生特定的刺激信息，具有情感属性。不同色彩的刺激往往使人产生不同的情绪。歌德曾把色彩划分为积极的（或主动的）、消极的（或被动的）两类。他认为，主动的色彩（如：黄、红黄、黄红）能使人产生一种积极向上、努力进取和富有生命力的态度；被动的色彩（如：蓝、红蓝、蓝红）表现出人的不安、温柔和向往的情绪。但是人们对色彩的感受往往带有很大的主观性（或叫个性），即便是对同一色彩，由于个人的个性、气质、年龄、地区的不同而有明显的差异。一般说来，女性喜爱红色，男性偏爱蓝色，少年喜爱鲜明单纯的三原色，少女喜爱白色红色，老年喜欢灰、棕色。以地区分，西方人认为黑白色是高级颜色，拉丁民族爱好暖色，日耳曼民族爱好冷色。但是，长期历史形成的民族心理、文化积淀和传统习惯，又往往使人对色彩的感受具有某种共同性，如红色通常显得热烈奔放，活泼热情，兴奋振作；黄色显得明朗、欢快、活跃；绿色显得冷静、平稳、清爽；蓝色显得宁谧、沉重、忧郁、悲哀；白色显得纯净、洁白、素雅、哀怨；黑色显得沉闷、厚实、紧张等等。

除此之外，不同的色彩还给人以冷暖、轻重、宽窄、大小、厚薄、远近、动静等不同感受。如：红、橙、黄色给人以温暖、热烈的感觉，称为暖色；绿、蓝、紫色被认为是冷色；黑、灰、橙色给人以重的感觉；白、绿、蓝色给人以轻的感觉。深色给人以狭小的感觉，浅色给人以宽大的感觉。深色使人感到厚、近，浅色使人感到薄、远。色彩还有质感和量感，例如，用不同的色彩可以表现出穿着不同质地的服装，用不同的颜色可以表现物品不同的重量，用不同的色彩还可以表现光线的明暗等。

3. 色彩的象征属性

由于时代的审美积淀，某种色彩与某种特定的内容形成较为固定的联系，又使色彩获得一定的象征意义。例如，红色与火和血相联系，意味着热情奔放，不怕流血牺牲，从而成为革命的象征；用于交通信号，则意味着危险，其涵义是禁止通行；在宗教领域，据说耶稣的血是红葡萄酒色的，红又象征圣餐和祭典；在红色家族中，深红色意味着嫉妒或暴虐，被认为是恶魔的象征，而粉红色则象征健康。蓝色在西方是幸福色，又是绝望的色彩，"蓝色的音乐"就是悲哀的音乐。黄色在中国传统文化中象征皇权和高贵；基督教里却是下等之色（据说犹大衣服的颜色是黄色）。不过，黄金作为金属又是财富的象征。

对于色彩的象征效果，各国由于不同的社会因素影响而象征效果也不同，如绿色是和平色，而法国人最讨厌墨绿色，因为这曾是纳粹的服装色。我国古代用色彩象征方位，东蓝、南红、西白、北黑、中央黄，称为方位色。在京剧脸谱中色彩也被赋予人物性格的特定象征意义：红脸表忠义，黄脸勇猛而残暴，蓝脸刚强，白脸奸诈、阴险，黑脸憨直、刚正，绿脸表示草莽英雄本色，金脸银脸则是神怪的象征。

4. 人体的色彩美

同自然界的一切生物都有自己的颜色一样，人体也是有色彩的。肤色能反映人的健康状况和精神面貌，健康人体的肤色在光的作用下，富有诱人的魅力。没有一种色彩比人体的皮肤色鲜嫩、滋润、透明、有光泽和具生命的感觉。形象设计中人体的色彩可以分为人体固有色和人体装饰色两类。

（1）人体固有色

人体的固有色彩主要表现在皮肤和毛发上。对于人的肤色除了有人种的肤色之分(如白色、黑色、黄色、棕色)外，一般还可从水色、血色、气色三方面来进行评价。中国人对人体色彩的审美要求是：在水色方面，皮肤要滋润、柔软、细腻、光洁；在血色方面，外观红润，微泛红光，黄里透红；在气色方面，实际上是精神状态在容貌上的表现，如喜悦、满足、安闲等。具有好的水色、血色、气色的人，往往会显得精力充沛，光彩照人，会给人一种美感享受。

① 人的肤色。决定皮肤颜色的有先天因素，也有后天各种因素的影响。虽然不同民族或同一民族不同个体之间存在着肤色深浅的差异，但是一般认为正常的或健康的皮肤就是美的。对肤色具有决定性作用的是核黄素（呈现黄色）、血色素（呈现红色）、黑色素（呈现茶色），核黄素和血色素决定了一个人肤色的冷暖，而肤色的深浅明暗是黑色素在发生作用，人体的肤色、发色和眼角膜的颜色都是由黑色素决定的。当黑色素主要集中在生发层时，皮肤表现为褐色。若黑色素延伸至颗粒层时，则为深褐色。

不同的人种对肤色存在不同的审美观。黄种人以肤色黄里透红为美；白种人以白里透红为美；黑种人以棕黑色为美。同一种族个体之间由于性别和生活方式不同，肤色也有差异。一般男性的肤色要比女性的深一些。即使是同一个人，体表部位不同，其肤色也有不同。

② 人的发色。头发是人体的自然装饰物，对人体色彩美也有很大影响。发色具有明显的种族、地域差异，如东方人的黑发、西方人的金发，各有其魅力。此外，毛发随着年龄的增长，头发会变白，老年人拥有一头银发实际上也是一种美。毛发的色泽主要是由毛囊内黑色素的多少、性状以及某些色素所含的微量元素所决定的。如东方人头发黑色素多，呈颗粒状，黑色素中含铜和铁多，所以头发呈黑色；而西方人头发内黑色素少，呈均质状，黑色素中含钛多，则头发呈棕红色。

（2）人体的装饰色

人体装饰色是指人体皮肤和毛发以外的、对人体起修饰和点缀作用的色彩。它包括服饰、化妆、鞋袜以及佩带物等的色彩，它是人体色彩美中一个不可分割的部分。

① 人体的服色。所谓服饰色彩，指的是服装的内外衣、上下装的色彩，还包括帽、鞋、袜、带、巾、包、头饰、耳饰、项饰、手饰、足饰等种种服装配件的色彩。服饰给人的第一印象是色彩。服饰是诉诸于人的视觉的，而色彩是视觉中最鲜明、最响亮的语言。色彩、形态（款式）、质料是构成服饰这一有机整体的基本要素，在这三个要素中，处于首位的是色彩。色彩在服饰中是最活跃、最醒目、最敏捷、最富有情感的。色彩是人和服饰之间的第一媒介，是服饰美的灵魂。离开了色彩，服饰就无美可言。服装色彩是依据具体的人体体态特点、着装方式而设计的。好的服装色彩搭配，不但能突出和强化人的体态个性，而且还能弥补和调节人体体态的某些不足。

② 人体的妆色。化妆是一门色彩技术，它能通过色彩体现人体的优点而掩饰和弥补缺陷，从而使人增加美的风采，同时也能满足个人的需要和愿望。化妆可以通过丰富人体的色彩美，增强人体的色彩对比度，提高人体固有色的和谐美等三个方面来增强人体的美感。在化妆中，色彩的冷暖关系在不同的搭配方式下能够产生不同的效

果。妆色因其表现形式又可分为高光色、阴影色和装饰色,通过不同的应用方法可以增添人体美。在面部轮廓造型中,可利用色彩的高光色与阴影色的对比、色彩的引导、线条的变化、装饰色的运用等技巧,并通过色彩的块面分割过渡、线条倾向的转移等,矫正修饰面部的不理想部位,起到扬长避短,塑造人体美的作用。

③ 人体固有色与装饰色的配合。当人体固有色与装饰色配和恰当时,可以使人体美更具有魅力。人体装饰色既能对固有色起加强和烘托作用,显示或强化人的个性、气质和美感,也能在体现固有色美的同时,衬托出装饰色的美感。

二、形体

形式美中的形体是指事物具体可感的外在形态,是构成美的客体对象不可缺少的感性因素,也是视觉感官所能感知的空间性的美。构成美的事物外在形态(即形体)的基本元素是点、线、面、体。这些元素各有不同的审美特征。人们对客观事物形体的感知或对事物形式美的感知,都离不开对点、线、面、体这些形体元素的认识。在所有的形态中,没有一种线条、轮廓比人体的线条、轮廓生动、柔和、富于变化和富有韵律美,也没有一种体积、形态比人体的体积和形态起伏匀称、有力、有弹性和有节奏感。

1. 形态的基本元素

（1）点与形体

点是形体要素中最基本的元素,它在空间起标明位置的作用。几何学中的点是一个没有长、宽、厚和大小的抽象概念。作为形式美中的点,不但有大小,而且还有形状,实际上它就是一个面。如一个圆形物体,远看为点,近看则为面。人们只是凭具体的视觉效果把它同圆和面大致地分别开来。点可以组成线或面,并有疏密、聚散等方式,不同的构成方式给人不同的视觉效果。在可视图形中,一个点有收敛集中的效果,能成为画面的焦点,将视线全部吸引过来,如万绿丛中一点红。画面上有两个孤立的点,是不稳定的。如果两个点之间有线连接,它们之间就有张力。画面上有三、五、七个点,就会形成视觉平衡中心,而产生稳定感。点的聚散可产生闪光的视觉效果。在画面上用少量点作点缀,可使画面活跃起来等。如造型艺术和表演艺术中,都强调中心人物或画龙点睛之处,使之成为观众视觉的中心。

（2）线与形体

线是点的运动轨迹。在构成物体形式美的诸要素中,线的要素占有特殊的地位。线条的美是一切造型美的基础,或者说线条是形体造型中形式美的基本语汇。凡是形式美占有突出地位的艺术,如建筑、雕塑、绘画、装饰等造型艺术中,线条的运用往往是最普遍、最基本的艺术手段。形体的轮廓是由线来表示的,它的流动、起伏、波折、停顿、平行、垂直等,往往决定物体的基本结构和风貌。线有各种各样的形态,如粗细、长短、曲直、虚实、断续、光洁与粗糙等,它们能给人的心理产生相应的情感反应。线一般可以分为直线、曲线、折线三类,这三类不同形态的线条具有各自的表现力,也具有各自的审美特征。直线具有刚劲、挺拔、正直、稳定、生气等特性,给人一种力的感受;曲线具有优美、柔和、活泼、流畅等特性,给人一种运动感;折线表示转折、突然、断续,其形成的角度给人以上升、下降、前进、倾斜等方向感。利用线条造型和传情,是我国绘画、书法艺术的优良传统，其线条中的特点，具有鲜明的民族性。

（3）面与形体

在物体造型上，线的功能主要是用来表现物体的轮廓及外在的装饰，那么，面的功能主要是用来表现物体的形状。人们感知某一物体的形状，除根据其周围的轮廓线之外，主要是依据我们所能直接观察到的面。不同形状的面，能给人以不同的视觉效果和心理反应。圆形或由圆形演化而来的图形，给人以柔软、温和、富有弹性，因而具有一种柔性美。古希腊毕达哥拉斯学派认为："一切立体图形中最美的是球形，一切平面图形中最美的是圆形。"但是也有人认为椭圆比圆形更美，因为在圆中又有变化，比圆形更富有动感。方形或由方形演化而来的图形，一般给人方正、平实、刚强、安稳的感觉，因而是一种刚性美。圆形和方形交错使用，可收到刚柔相济，相得益彰之美。三角形有各种形态，对人的心理往往产生不同的情感反应。正三角形具有稳定感，倒三角形具有倾危感，斜三角形则造成运动感或方向感。在人类的视觉艺术中，利用面的各自不同的审美属性是极为广泛的。

（4）体与形体

体（或称立体形）是点、线、面的一种有机组合，它同面的关系极为密切。面的移动、堆积、旋转就成为体，人们观察一个物体，直接作用于视觉的是面，但是，凭借以往的经验，却可以感知或确定整个物体的形状。因此，体所给予人的视觉效果和心理反应大致上同面是相似的，体可分球体、方体和锥体，即相当于面的圆形、方形和三角形，只是体给人的感觉比面更强烈、更具体、更确定。面与体的审美特性在造型艺术门类中有着广泛的应用。

2. 人体的形态美

（1）人体的线条美

人体的线条是构成人体视觉形象的基本要素，它能比较直观地表现人体形态。人体的线条是人体独特的风景线，人们常用"棱角分明"和"身材苗条"等来分别赞美男性和女性的体型美，这正是通过身体各部分的线条来反映的。人体的线条非常丰富，刚柔并存，有直线、折线和曲线三种基本类型，每一种类型的线条都具有各自的审美属性。随着人的运动，人体的线条可以感受到从静态的对称、均衡之美到动态的节奏、和谐与韵律之美的变化。女性躯体曲线美以圆润流畅的曲线为主，通过胸部、腰腹及臀部来体现阴柔之美，而男性则以直线、折线居多，通过平直的肩线、胸腹腰背刚柔有度来体现阳刚之美。

在人体中，几乎能发现所有的美的曲线，女性对称、和谐、生动的曲线显示出人类特有的局部与局部、局部与整体、静态与动态的美，形成了人类以人体S曲线为核心的共同的审美观。人体曲线通过修饰和软化人体生硬而呆板的直线与折线，能增添人体的和谐之美。对称弯曲的双眉、微凹的酒窝、稍突的前额、俊俏的鼻峰、弧形的脸缘、波状的红唇、高耸的双乳、宽大的骨盆、缩扁的腰腹、丰满的臀部、圆滑的双肩和修长的下肢，再加上体表光滑柔和的浅凹和沟回，配以丰富多彩的表情变化与肢体动作姿势等，使人体线条既多样化又趋于和谐统一。

（2）人体的结构美

人体的结构美主要体现于人体的局部与局部、局部与整体的对称、比例与和谐之美，人体的结构美包括容貌结构美和形体结构美两大类。

① 容貌结构美。容貌集中了人体美的个性，它不仅存在于静止状态下，更表现于动态中，是人体美中最吸引人的部分。容貌结构美主要包括面型、额、眉与眼、鼻、唇等。面型是指面部轮廓的结构形态，一般认为脸部高宽比例协调、轮廓线条分明、五官端正为美。东方人常见的面型有五种，分别为椭圆形、圆形、方形、三角形、长形，目前公认的是椭圆形（即鹅蛋形）脸最美。面型因年龄、性别及种族的不同而存在差异，额占据整个面部的上1/3，饱满、圆润的额是最美的；眉毛是眼睛的框架，以线条流畅为美；眼睛是容貌美的重点结构，美学家称之为"美之窗"；鼻突出于面部最前端，具有严格的左右对称性，所以鼻又有"颜之王"的称谓；唇在容貌中的重要性仅次于眼睛，被称之为"面容魅力点"或"爱情之门"；颏占面容下部的1/4，对面型影响较大，是容貌美的重要结构之一。

② 形体结构美。人的形体是匀称、均衡、精密、有序的，它是人在自然进化与生产实践相结合的漫漫历史长河中，按照"美的规律"改造客观世界的同时也改造自身而逐渐形成的一种形体结构之美，主要包括头部、肩颈部、胸部、腰腹臀部、四肢等部位的结构美。头部为人体之首，外观似球体，两侧较扁，古希腊人提出了最美的人体结构是头部与身长的比为1:7。头部与容貌、头发，头部与身体的局部之间、局部与整体之间的均衡、匀称与协调，才能构成和谐之美。曲线流畅，柔和的颈部与肩线、背线交接，加上对称、无耸肩、垂肩或缩肩之感的两肩，显示出女性娇小纤细和男性棱角分明的美学表征；正面为椭圆形，侧面为一卵圆形向前下倾斜的胸部，形成了男性刚强、雄健、英武之美和女性最具魅力曲线美中的重要一段；上下躯体起连接作用的腰部，形成了男性强大的腰部力量之美和女性曲线柔和流畅的美学特征；腹部的肚脐在人体美学中，是人体全长分割的一个重要黄金点；从侧面看女性臀部是构成胸、腰、臀之间的"S"形曲线不可缺少的部分；四肢是人体中最活跃的部位，男性表现为动作粗犷而有力度，女性则活动灵巧优雅。

三、声音

事物的形式美诉诸于听觉的是声音。声音又称音响，是由听觉器官所能感知的时间性的美。它同色彩、形体一样也是事物的一种自然物质因素，但它是诉诸人们听觉的自然物质因素。单就声音而言，它可以作为人们审美的对象，引起人们的审美感受。但声音的美是由物体运动产生的振动或碰撞而发出的音响，它的物理属性是振动。听觉是声波作用于人的耳膜的结果。

由于声音是在时间中存在和运动的，所以，节奏和旋律是声音这一形式美的主要构成因素。节奏是旋律的骨干，也是乐曲结构的基本因素，所谓节奏，是指交互起来的音的长短、强弱合乎一定规律的形式。例如，短音和短音的结合，给人以兴奋、热烈的听觉效果；长音与长音的结合，给人以平和、愉快的听觉效果等。旋律是音乐的灵魂，所谓旋律，又称曲调，是指高低不同的一群音的有组织的连续，组成音的线条。声音的美学特征在于它的表现力，它不可能再现客观世界的真实图画，而能够生动地表现主体内在的感情因素，即引起审美主体的联想、想象，产生意象，激发感情。声音的表情性特征来自它和人的生理、心理机制之间的对应关系。不同频率、幅度和声波的声音及其延续变化，可以引起人昂扬、低沉、热烈、轻松、悲哀、欢乐、恐惧、愉悦等各种情绪反应。声音的形式美具有情感性，一般来说高音使人情绪高昂，低音深沉引起悲伤，轻音乐给人舒畅柔和之感。以声音为自然媒介的音乐艺术，是一种表现和激发人的感情的艺术。音乐在表现主体的内心情感和情绪方面，有其它艺术所不及的优越性。声音所引起的人们生理和心理的反应，比色彩、形体更为强烈。

第三节 形象设计形式美的法则

形式美是指自然、生活、艺术中各种形式因素（色彩、线条、形体、声音）及其有规律的组合所具有的美。形式美的法则是人们在长期审美实践中，对现实中许多美的事物的形式特征的概括和总结。形式美的法则是对自然美加以分析、组织，利用并形态化了的反映，它远离了美的具体内容，形成了形式本身的特定抽象意义。从事物各部分之间的组合关系来看，其法则主要有比例和尺度、对称和均衡、节奏和韵律等，从事物的总体组合关系来看，其法则主要有整齐一律、多样统一（对比、调和）等。

形象设计形式美的法则是构成形象设计形式美的感性因素的组合规律，它显示出与各种形式美一样的结构原理。其中最重要的是：比例与尺度、对称与均衡、节奏与韵律、整齐一律与多样统一。

一、比例与尺度

1. 比例的美学特征及种类

所谓比例是事物形式因素部分与整体、部分与部分之间合乎一定数量的关系。比例就是"关系的规律"，凡是处于正常状态的物体，各部分的比例关系都是合乎常规的。合乎一定的比例关系，或者说比例恰当，就是匀称。匀称的比例关系，就会使物体的形象具有严整、和谐的美。严重的比例失调，就会出现畸形，畸形在形式上是丑的。古代画论中有"丈山尺树，寸马分人"之说，人物画中有"立七、坐五、盘三半"之说，画人的面部有"五配三匀"之说，这些都是人们对各种景物之间和人体结构以及人体面部结构的匀称比例关系的认识和概括。我们平常称赞一个人容貌美为"五官端正"，就是指五官之间比例适合。这些都体现了人体结构以及人体面部结构的匀称比例关系。人体比例大体上有基准比例法、黄金分割比例法、百分比法三种形式。

2. 尺度的美学特征

尺度也叫"度"，指事物的量和质统一的界限，一般以量来体现质的标准。事物超过一定的量就会发生质变，达不到一定的量也不能成为某种质。例如在人们的面部五官中，眼、鼻、口是人们的审美重点，处于主要地位，而眉毛、耳朵则处于次要地位，如果一个人的眉被修饰得过黑、过宽，就给人以喧宾夺主的感觉，影响美观。形式美的尺度指同一事物形式中整体与部分、部分与部分之间的大小、粗细、高低等因素恰如其分的比例关系。事物各部分或整体与部分之间的比例不符合一定的尺度，就显得不和谐，使人感到不美。匀称和黄金分割等就是重要的形式美尺度。富有美感的人体上存在着许多黄金点、黄金矩形及黄金指数。

3. 比例与尺度在形象设计中的运用

比例与尺度在形象设计中的运用，就是利用错视原理，有效改善人体或服装各部分尺寸之间的比例关系，使其合乎比例尺度美。比例的主要规律之一就是观察者的眼睛总是自动地将分割块面相互比较，在进行形象设计时运用比例和尺度，可"蒙骗"人们的眼睛，让它按设计后显现的脸型、五官、形体和体型去感知，而不是真正的人物原型。如通过发型改善脸型，通过化妆矫正五官，通过服装改善形体和体型等等。

二、对称与均衡

1. 对称的美学特征

对称是指整体的各部分依实际的或假想的对称轴或对称点两侧形成同等的体量对应关系，它具有稳定与统一的美感。对称有静态对称（左右对称、上下对称）和动态对称（放射对称）。左右对称是基本的，上下对称、前后对称不过是左右对称的移动。放射对称是以经过中心点的直线为中心轴的许多左右前后对称的组合。对称是世界中最常见的现象，一切生物体的常态几乎都是对称的，人的体型也是左右对称的（在相对的意义上）。如人体正常情况下，以鼻梁上线为中轴，双眉、双眼、双耳的部位间距和高低位置是均等的，行走时双脚先后起动、双臂前后摆动幅度也是均等的。人类之所以把对称看作是美的，就是因为它体现了生命体的一种正常发育状态。人们在长期实践中认识到对称具有平衡、稳定的特性，从而使人在心理上感到愉悦，相反，残缺者和畸形的形体是不对称的，使人产生不愉快的感觉。

2. 均衡的美学特征

均衡是从运动规律中升华出来的美的形式法则，是指对应的双方等量而不等形，即对应双方左右、上下在形式上虽不一定对称，但在分量上是均等的。均衡是对对称的破坏，均衡是在静中有动的对称，最明显的就是杆秤式对称，平衡点是固定不变的，但两边平衡物体的距离则随秤锤的移动而不同，使重量平衡。均衡具有变化的活泼感，是对称的一种变态，均衡作为形式美的一种法则，在造型艺术中得到了广泛运用。均衡使作品形式在稳定中富于变化，因而显得生动活泼。古希腊的艺术家认为人最优美的站立姿势，是把全身的重心落在一条腿上，使另一条腿放松，这样为了保持人体重心的稳定，整个身体就自然而然地形成了一个"S"形曲线美。如米罗的《维纳斯》、米开朗基罗的《垂死的奴隶》等，都是采取均衡这一姿态来塑造的。

3. 对称与均衡在形象设计中的运用

对称与均衡是形象设计中经常运用的形式原理。人体的大多数器官，特别是体表器官都存在着左右对称，如双眼、双眉、双耳、双上肢、双乳、双下肢。人体的器官以对称为美。完美的面容都是对称的，现实中绝对对称的面孔极少存在，为使人的脸型和五官达到对称，在形象设计中就要对脸型和五官进行矫正，如一个眼大，一个眼小，则眼就失去对称美感。服装中的礼服类多采用对称的形态来表现庄重的气度。如被称作我国"国服"

的中山装是完全对称的,它既借鉴了西洋服饰文化,又与中华民族的气质融合,加上近代革命的推波助澜和领袖人物的大力提倡,终于使其独立于世界服饰之林。但是对称又会使人显得呆板、缺乏生动,为在形象设计中克服对称形式拘谨、齐一的缺点,避免呆板、单调,创造生动活泼的气氛,在发型上运用斜刘海、侧分等形式,在服装上通过切线、口袋、装饰物、面料花色等方面的非对称形态与基本形态相结合,来增加变化和动感。

三、节奏与韵律

1. 节奏的美学特征

节奏存在于我们现实的许多事物当中,节奏是指客观事物在运动过程中的有规律的反复。客观事物的运动表现为两种相关的状态,一是时间上的延续,指运动过程;二是力的变化,指强弱的变化。事物运动过程中的这种强弱变化有规律地组合起来加以反复,便形成节奏。这里说的节奏,是泛指形式美中具有普遍性的法则,而不是仅指声音或音乐艺术的形式因素。节奏从构成的结构上可以分为渐变的节奏、等差的节奏、旋转的节奏、起伏的节奏、等比的节奏、自由的节奏,在艺术作品中,它指一些形态要素的有条理、有规律的反复呈现,使人在视觉上感受到动态的连续性,从而在心理上产生节奏感。

2. 韵律的美学特征

韵律是节奏的变化形式。它将节奏的等距间隔变为几何级数的变化间隔,赋予重复的音节或图形以强弱起伏、抑扬顿挫的规律变化,产生优美的律动感。如对同一形象元素做有规律的大小、长短、疏密、色彩、肌理等方面的艺术加工而构成的画面效果。对比与变化是韵律有别于节奏的标志。合理的韵律画面构成不仅富有运动的造型特质,而且更符合人们追求视感丰富的审美心理。节奏与韵律往往互相依存,一般认为节奏带有一定程度的机械美,而韵律又在节奏变化中产生无穷的情趣,如植物枝叶的对生、轮生、互生,各种物象由大到小、由粗到细、由疏到密,不仅体现了节奏变化的伸展,也是韵律关系在物象变化中的升华。

3. 节奏与韵律在形象设计中的运用

形象设计中节奏与韵律的运用是一个重要的设计方法,是指对某些造型设计要素进行有条理性、有次序感、有规律性的形式变化,从而形成一种如同音乐节奏与旋律般的形式美感。这种贯穿节奏与韵律的造型设计,虽然简洁却有着丰富无比的内涵,表现出变化统一的艺术规律。形象设计中的节奏与韵律,常以形体的厚薄、线条、大小、形状、肌理、色彩等来表现,其表现形式有重复节奏与韵律。在形象设计中,重复是常用的手段,同形同质的形态因素在不同部位出现,同样的色彩和花纹的重复等,如服装的装饰花边、发型的发辫设计;渐变节奏与韵律,即设计呈现出具有数学计算的、渐次的、规律性变化的节奏韵律形式美,色彩的冷暖、形状的方圆、体积的大小,都可以通过渐变的手法求得它们的统一,如化妆中多色、单色眼影与唇膏的晕染就是通过渐变手法来实现的;发射式节奏与韵律,即设计围绕一个中心点展开,使造型设计具有丰富的光芒之感,有时甚至是一种眩目的视觉感受。如以强调发型为主的形象设计,其化妆、服饰的搭配就要围绕发型而进行。

四、整齐一律与多样统一

1. 整齐一律的美学特征

整齐一律，亦称单纯同一，是最简单的一种形式美的规律，即在整体形态中没有明显的差异和对立因素，通过将复杂的结构归纳为简洁的视觉心理比较容易接受的形态，通过突出、强调主要部分来引人注目，增强视觉效果，简洁的形态也可以蕴含丰富的内在信息。它的特点是没有差异和对立的一致和反复。重复是表达单纯美的一种重要手段，它是指某一个单元有规律性的反复或逐次出现，所形成的一种富有秩序性节奏的统一效果，或是通过对同一形式的反复达到整齐划一的效果，体现一定的节奏感。整齐一律对人的感受如果持续太久，则感觉钝滞、呆板、缺少变化。例如庄稼的行距、道路两旁的电线杆和树木等有序的排列，都很整齐。因此，军事训练中的行进速度，学生或职业的着装，社会秩序等都必须讲究整齐美的法则。

2. 多样统一的美学特征

多样统一是形式美的最高法则，又称和谐。多样统一的法则是对对称、均衡、整齐、比例、对比、节奏、虚实、从主、参差、变幻等形式美法则的集中概括，它是各种艺术门类必须共同遵循的形式美法则，是形式美法则的高级形式。多样统一是自然科学和社会科学中辩证法对立统一规律在审美活动中的表现，是所有艺术领域中的一个总原理。我们的自然万物乃至整个宇宙都是被这一法则包含着的丰富多彩而又统一的整体。在艺术作品中，由于各种因素的综合作用使形象变得丰富而有变化，但是这种变化必须要达到高度的统一，使其统一于一个中心或主体部分，这样才能构成一种有机整体的形式，变化中带有对比，统一中含有协调。多样统一也体现了自然及人的生活中的对立统一现象。如，形有大小、方圆、高低、长短、曲直、正斜；质有刚柔、粗细、强弱、润燥、轻重；势有动静、疾徐、聚散、抑扬、进退、升沉。这些对立因素统一在艺术形象上，就成为和谐的形式美。多样统一包括两种基本类型。一种是对比，即各种对立因素之间的统一；一种是调和，即各种非对立因素之间相联系的统一。

3. 多样统一在形象设计中的运用

在美学中经常提到的比例、对比、调和，都属于对立而又统一的。统一由对立构成，统一中有差异，对立并不消失，而是同时并存。无论是对比或是调和，其本身都要求有变化，在统一中有变化，在变化中求统一，方能显出多样统一的美来。形象设计中，发型、头饰、化妆、服装、饰物等会有很多变化，但就整体形象设计而言，既要追求造型、色彩、材料的变化多端，又要防止各因素杂乱堆积缺乏统一性，各部分的内在联系要与整体统一起来，众多美的局部很难同时体现，为此，就要有所取舍，突出重点、主题，只有在统一中求变化，在变化中求统一，并保持变化与统一的适度，才能使设计的形象趋于完美，达到整体形象的和谐。如一条丝巾，是由形体、色彩、花色和质料构成的。该丝巾美不美，在于丝巾各部分的协调一致，当丝巾作为服饰的一部分来佩带时，丝巾又连同服饰变成整体中的一部分，当与穿着者的容貌、体形结合在一起，必然构成与发型、化妆和服饰相协调的整体形象美。

复习思考题

1. 形式美与美的形式有哪些区别?
2. 形式美有哪些特征?
3. 形式美的法则主要有哪些?
4. 简述人体的色彩美。
5. 简述人体的形态美。
6. 简述形式美的构成因素。
7. 试述多样统一在形象设计中的运用。

第四章 形象设计的容貌美

学习目标：通过本章学习，使学生理解容貌美的概念、要素，掌握容貌美的审美意义、特征，以及五官与容貌美的关系。

容貌也称相貌、容颜，是指人的面部与五官的结构形态、质感、轮廓及其神态和气色。它居于人体之首，是人体最袒露又最引人注目的部位，美的容貌个体是千人千面、千姿百态、各有其貌，容貌中的五官是展示人的心灵、情感及个性的窗口，给人以第一印象。容貌美是指容貌在形态结构、生理功能和心理状态的综合作用中所体现出来的协调、匀称、和谐统一的整体之美。因此，容貌美是人们十分关注和看重的人物形象美的首要组成部分，也是人物形象审美的核心和主要对象。

第一节 容貌的审美意义及特征

人的容貌美是一种客观的形象，容貌的形态主要由面部、五官形态、动态表情等物质要素和精神要素组成，对容貌美影响程度的大小依次表现在眼部、鼻部、唇部、眉部和耳部等。容貌美在形象设计中的位置十分突出，因为脸庞是人际交往中最易被注视的部位。

一、容貌的审美意义

容貌的审美应以艺术设计基础理论为前提，并在其指导下充分运用化妆技术，更好地维护、修复和设计容貌之美。

1. 容貌是接受外界美感信息的主渠道

人的五官感觉不同于动物的五官感觉，因为人的感觉能产生有意识的、受人的意识所支配的、具有人类特征的美感效应。面部五官中的眼、耳、鼻等感觉器官能接收绝大部分信息的视觉、听觉、嗅觉而占主要地位，美感、人类审美意识和兴趣等都是依赖容貌中五官的参与和感知获得的，是最先接受外界美感的生理器官。因此，集视觉、听觉、嗅觉、味觉、触觉等主要感觉器官为一体的容貌，是人的大脑接受外部世界美感信息最主要的渠道，也是美感产生的基础生理部位。如果五官中的感觉器官出现"故障"而发生异常，外界的美感信息传递受阻，就谈不上美感的产生。

2. 容貌是展示心灵、情感及个性流露的窗口

容貌蕴涵着极其丰富而深刻的美感信息，人的喜怒哀乐等各种情感以及各种欲望，无不与容貌表情紧密相连。其内心情感通过五官等集中于容貌并呈现出来。因此容貌是人的心灵、情感及个性情感表达的窗口。人与人的交流与接触，主要是通过容貌和"五官"来传递喜悦与情感。人非草木，孰能无情？七情六欲，人皆有之，所说的"含情脉脉"、"眉目传情"都是情感通过眼睛的流露。

3. 容貌是识别个体形象的标志

人们在社会生活交往中的认识过程，就是首先用目光扫视对方的容貌，也正是容貌的个体特征差异才成为人们彼此记忆的主要依据。容貌因其结构比例、五官分布、肤色、质感、表情、风度和气质等方面的不同，形成了具有千人千面、千姿百态、各有其貌的个体特征，成为人们相互识别形象的标志。

4. 容貌是体现心理和社会状态的集中反映

人际交往中的第一个印象是容貌，因此容貌之美容易给人以愉悦的视觉形象，从而赢得更多的好感、信任和倾慕，更有利于人际间进一步交流和情感领域的开拓。正如亚里士多德所说："美是比任何介绍信都有用的推荐。"在其它条件相同的情况下，应聘成功者往往是那些容貌娇美者。容貌美者可使自己增加自信，也会更加热爱生活，容貌上的任何损伤或欠缺，都会给人带来一定的心理创伤或背上沉重的心理负担。因此，容貌是体现人的生理、心理及社会适应状态的集中反映，也对人的生理、心理及社会适应等方面产生不可忽视的影响。

5. 容貌是评价人物形象的主要内容

容貌是人物形象中最吸引人的部分，它集中反映了人物形象的所有内容与形式，诸如比例、均衡、节奏、多样统一、动静之美，以及生命活力美感等，是评价人物形象的主要内容和目标。人们在评价"某某很漂亮"、"有气质、有风度"，其实就是容貌这一特定部位。容貌美应同时具有与其相称的良好品质，也就是说只有容貌的形态结构、质感、气色等构成的外在美和神情心灵体现的内在美和谐统一起来时，容貌美的内涵才能得以充分的显示，容貌美才真正成为富有感情与生命力的整体形象。因此，人们在追求美丽容貌的同时，还应提高修养，让自己成为一个具有优雅的内在品质的人，使美的魅力持续恒久。

二、容貌美的特征

人的容貌狭义上是指上至额部发际线，下至舌骨水平，左右达颞骨乳突垂直线的颜面部，广义上则指整个头部。容貌美是人物形象中最重要的部分，是人物形象的窗口，决定容貌美的因素是头发的色泽与质感，面部的形态与肤色，五官的分布位置及其形态等诸要素的和谐与统一。具体的容貌美有以下特征。

1. 容貌美的结构特征

对容貌美的评价应是立体的、多视角的，从形态学的角度看，容貌美在结构上的特征

主要包括对称、比例、和谐等几方面。

（1）容貌的对称美

对称是容貌的重要形态标志之一。容貌离不开对称，否则就会失去和谐的美感，使容貌失去平衡性，因此对称与否是判断、评价容貌美的基本原则。以鼻为中线，人类的容貌处处体现了对称美的原则（图4-1）。如：眉、眼、耳、鼻翼、颊、额、口角及下颌都是对称而协调的。尽管当前人们把不对称美作为追崇的审美时尚，但对容貌来说，多数情况下还是以对称为美的。如果容貌对称遭到破坏，在一定程度上会影响容貌美，比如：眉一高一低，两眼裂大小不同，双耳形态各异，鼻梁偏斜明显等就失去了容貌美感，其原因就在于两侧失去了对称与平衡。

图4-1 美的容貌是左右对称的

容貌的对称美不仅体现在静态结构的对称上，而且还包含着容貌动态的协调一致。双眉的舒展、扬起，双睑的启闭，两眼球的运动，口唇的开启以及表情形态等都蕴涵着对称美。

（2）容貌的比例美

比例是美的容貌基本结构特征之一，构成面部五官之间以及五官和面部轮廓之间所具有的关系，只有符合比例美原则，才能达到容貌和谐性、严整性和完善性。我国古代论著《写真古决》中关于"三停五眼"的记载，体现了一种"黄金比"关系。"三停"可分为正"三停"和侧"三停"。正"三停"有大小"三停"之分：①大"三停"是指发际点至眉间点、眉间点至鼻下点、鼻下点至颏点三部分，将面部分为三个基本相等的部分。②小"三停"是指面下部的"三停"，即鼻底至口裂点、口裂点至颏上点（颏唇沟中点）、颏上点至颏下点，将人的面下1/3区域分为三个基本相同的等份。③侧面"三停"是以耳屏中心为圆心，耳屏中心到鼻尖的距离为半径，向前面画半月形弧。再以耳屏为中心向发缘点、眉间点、鼻尖、颏前点画四条线，将脸的侧面划分为基本相同的等份，形成的夹角为三个近似三角形，其夹角之差小于10度为美。④"五眼"指面部宽度在眼睛水平线上应具有五个眼的宽度，即左右外眦至耳孔、两眼、两眼内眦间距，这五个部分几乎相等（图4-2、图4-3）。

图4-2 美的容貌的正面符合三停五眼　　图4-3 美的容貌的侧面也要符合三停

第四章 形象设计的容貌美 | 61

(3)容貌的和谐美

和谐是形式美的最高形态。人的容貌美蕴涵着极其丰富而又深刻的内容,如:面型美、明眸美、朱唇美、肤色美以及容貌的动静态体现出的双重美等等。其各部分形态结构及美各不相同,当这些部分与部分、部分与整体和谐统一于面形的整体格局中,以和谐自然的美来弥补五官和面形的缺憾,才能体现出美的容貌所具有的独特风采与魅力(图4-4)。

图4-4 章子怡拥有秀美的脸型与精致和谐的五官

(4)容貌的曲线美

曲线具有强烈的动态感,具有修饰、软化其它线条和角形的作用;人的容貌虽非完全由曲线构成,却处处蕴藏着曲线的魅力:弯曲的双眉,富有弧度和动态感的眼睑,闪动的睫毛,形似双弓形曲线的唇部,微翘的口角,突出醒目的鼻梁,半月形的双耳轮廓线,面部轮廓结构的高低起伏,丰富多彩的表情变化以及按一定规律组合的各局部柔和、轻巧、优美的协调运动,又辅以美的质感、量感、色彩、立体感等,构成了容貌特有的曲线美感。

(5)容貌的形态美

人的容貌是由各种形态的五官和脸型组合而成的。如脸型就有椭圆形、圆形、长方形、方形、正三角形、倒三角形、菱形等多种类型;嘴唇有樱桃形、宽大形等;眉有月牙形、柳叶形、方刀形等;眼有杏仁形、丹凤形、三角形等。这些不同的形态构成了人丰富的面部特征。面部皮肤的色泽、弹性、光滑、纹理及生理功能状态也是容貌审美不可忽视的亮丽区。

2. 容貌美的动态特征

人的容貌往往在动静变化中显现出更多层次的美的魅力。在容貌中眉、眼、颊、口唇等部位都富有动态之美。眼睑、睫毛、眼球、瞳孔的变化,以及眉毛、口唇和面部其它部位的协调变化,更是惟妙惟肖地显现出生动、细腻、内涵丰富的容貌动态美。

(1)眉的动态美

眉是表情的装置,心灵活动的晴雨表。高兴时,眉飞色舞;胜利时,扬眉吐气;惬意时,喜上眉梢;郁闷时,紧锁双眉。正因双眉舒展、扬起、紧锁、下垂等变化与面部表情和容貌密切相关,被古人誉为情感的"七情之虹"。

(2)眼睛的动态美

人的眼睛是动静态双重美的典型,是容貌美的主要标志之一,眼睛的动态美有时候是语言和手势所不能替代的。眼睛的微妙变化可以表现人的各种性格、个性和品行,它是人内心深处的思想情感显示器,是最能通过动静变化,来真切地表达和传递非语言性情感信息的器官。眉目传情、眉开眼笑、不屑一顾、暗送秋波等都是眼睛参与容貌动态美的形象表现,所以被称之为"美之窗"和"心灵之窗"。

(3)唇的动态美

口唇被人称之为感情冲突的焦点,女性最具诱惑力的双唇,因为和眼睛一样能传情,会说话，其圆润丰满、樱桃色彩，给人年轻、充满活力的美感。上唇与下唇交界处呈现的弓形和两侧微翘的嘴角，给人以含笑轻巧的感觉，而上唇中央向外突起的唇珠所表现的"颤颤欲滴"的美感，被誉为"爱神之弓"。

（4）笑的动态美

笑是容貌动态美的核心，主要是通过眉眼、唇齿、鼻唇沟、笑窝和面部皱纹等器官组织的活动来表达。微笑是反映人内心感情世界最细腻、最敏感的窗口，对人的外貌衬托也是最生动、最明显的。微笑作为容貌美的动态表现，是一种愉悦的反映，也是人类特具魅力的表情。

第二节 五官美学

容貌美和神情美、表情美密切相关，是人的一种客观的形象，容貌的形态、神情和气色之美，都是由一定面部五官的眉、眼、耳、鼻、唇等物质要素和精神要素构成的。

一、眉毛之美

眉在眼的上方，横于上睑与额部交界处，是容貌的重要结构之一，眉突出于皮肤表面，使脸更加富有立体感，可阻挡灰尘和汗水等，对眼睛有保护作用。中国古代眉毛的形态变化很多，可以反映出当时妇女的审美观，如秦朝时流行"蛾眉"，汉代崇尚"八字眉"，唐代以柳眉和月眉最受青睐，明清则以纤细弯曲的眉为主（图4-5、图4-6）。

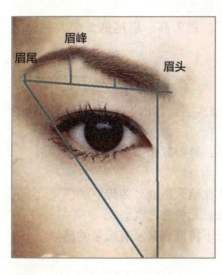

图4-5　眉

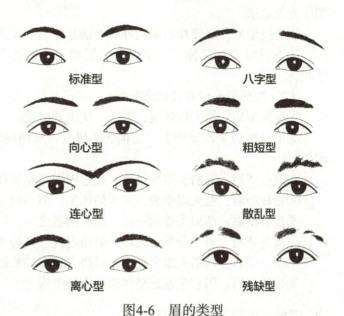

图4-6　眉的类型

1. 眉的定义与美学位置

（1）眉的定义

眉是位于眼眶上缘的一束弧形短毛。眉头起自眼眶内上角，沿眶上缘向外略呈弧形走向，外侧端稍细为眉梢。眉的中外1/3处为眉峰。眉毛在面部审美中占有重要位置。

（2）眉的位置

眉的位置因人而略有差异，标准眉的美学位置是眉头位于内眦角正上方，或略偏内侧，在鼻翼边缘与内眦角连线的延长线上。两眉头间距约等于一个眼裂长度；眉峰则在两眼平视前方时鼻翼外侧与瞳孔外侧缘连线的延长线上与眉相交的位置，为眉弧形的最高点；眉梢稍倾斜向下，其尾端与眉头大致在同一水平线上，眉梢的尾端在侧鼻翼与外眦角连线的延长线上。

2. 眉的类型

眉的类型五花八门，各不相同，有的人眉毛过长，有的人眉毛过短，有的人眉毛过于稀疏，甚至似有似无。有的人两眉间隔太近，给人以不够开朗之感。眉梢上吊，常给人以聪明的感觉，但吊得太厉害，就会使人感到凶狠。下拖的眉毛则有愁眉苦脸之嫌；还有的人眉毛比头发颜色淡得多，显得不协调。这与种族、性别、年龄及遗传因素有关。依眉的位置、形态变化等可有多种分类。

（1）按照眉腰的走行弧度分型

①平直型眉：眉头、眉腰和眉梢走行平直。

②长弧型眉：眉峰在眉中外1/3处向上向外挑起，眉弓较高，眉毛弧度长，给人清秀善良的感觉。

③柳叶型眉：眉的走行弧度小，两头尖，中间粗，是中国传统受喜爱的眉型，给人以端庄秀美之感。

④上挑型眉：眉腰和眉尾向外向上扬起，给人英武勇猛之气。

⑤下斜型眉：又称"八字眉"，眉型走行向外向下，眉头高，眉尾低，给人一种哭愁相。

（2）按照眉头位置及形态分型

①标准型眉：给人以舒展、大方、优美的感觉。

②下斜型眉（八字型）：眉梢低于眉头，双侧观看似八字，易给人留下滑稽、悲伤的印象。

③向心型眉：两眉头距离过近，超过内眼角位置较多，显得紧张、压抑、过于严肃。

④粗短型眉：给人以刚毅、强悍的印象，但不温柔。

⑤连心型眉：两眉头连成一体，虽有刚毅之气，但往往给人造成"凶悍"的感觉。

⑥散乱型眉：眉毛分散而无序，显得迟钝、精神不振、无俊秀之气。

⑦离心型眉：两眉头距离过宽，显得五官布局松散而不协调，甚至有痴呆的感觉。

⑧残缺型眉：因眉毛缺乏整体感而有碍美观。

3. 眉的功能与美学意义

在人的面部五官中，眉既是表情的显示器、心理活动的晴雨表，也是容貌美的首要装置。眉毛的长短、弧度、浓淡、色调，都很微妙地表达着一些情绪，影响着一个人的形象。双眉的舒展、紧皱、扬起、下垂等变化，与面部表情密切相关，古诗云："眉挑不胜情，似话更销魂。"，"天然风韵，尽在眉梢"。"柳眉"和"蛾眉"是女性的美型眉，体现美丽娴熟；"浓眉"和"剑眉"是男性的美型眉，体现刚毅矫健。

二、眼睛之美

眼睛居人的五官之首，是容貌美的重要标志，也是面部最有吸引力的部位，眼睛是心灵的窗户，其微妙变化可以表现人的各种性格、个性和德行。人的外界感觉信息有90%以上是通过眼睛获得的，它不仅能精细地确定事物的形状、大小、距离和深度，而且能感受光，并能分辨多种不同的色调，地位非同寻常（图4-7、图4-8）。

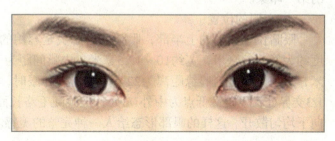

图4-7　眼

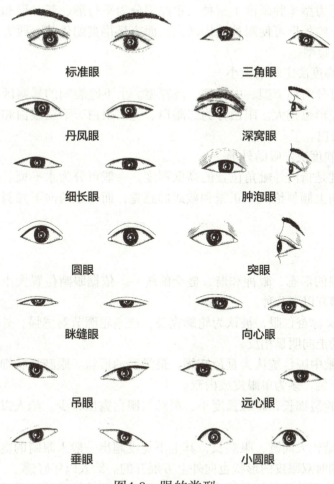

图4-8　眼的类型

第四章 形象设计的容貌美

1. 眼的定义与美学位置

（1）眼的定义

眼睛是人的视觉器官，它由眉弓、上鼻翼、眼睑、重睑，上眼线和下眼线、眼睫毛构成。眼睛是容貌审美的核心，眼裂的长宽、开合以及上眼睑的形态，决定眼睛能给人审美的第一印象。

（2）眼的位置

眼睛位于面部的上半部，眼睛的形态决定容貌的上半部分的美丑。眼睛形态是眼裂长度约为28～34毫米，宽约10～12.5毫米，内眦间距为一眼的宽度，外眦间距约为90～100毫米，眉毛下缘至上睑缘距离为22毫米左右。睁眼时，外眦略高于内眦；上睑最高点为中内1/3交界处，下睑最低点为中外1/3处，上睑睫毛略长而稍向上均匀散开，下睑睫毛略短而稍向下均匀散开。这样的眼部形态给人一种完整的美感。

2. 眼的结构特点

（1）上睑是构成眼形的重要因素

上睑可分为单睑型、重睑型、内双型和多皱襞型四类，单睑型分为正力型、无力型（皮肤松弛）和超力型（肿眼泡）三种，重睑型分为平行形、新月形和广尾形三种。一般认为具有重睑的上睑外形可使眼神明媚动人，面容显得爽朗优美。西方人几乎是重睑型，东方人约一半为重睑型。

（2）睑裂的高度决定眼睛大小

眼睛的眼裂可分为细窄型、中等型、高宽型。上下睑裂间的暴露区越大，角膜及巩膜显示度就越高，眼形也越大。眼白分为二眼白、上三眼白、下三眼白和四眼白，灵活而又有魅力的是下三眼白。

（3）眼裂倾斜度决定眼睛外形

眼裂的倾斜度是指内外眦角位置的高低程度，一般可分为水平型、外倾型、内倾型三种。眼裂向外、向上倾斜给人以正派和威武的感觉，而外眼角向下倾斜则给人以沮丧忧愁的感觉。

3. 眼的类型

眼睛之美是眼的形态、眼神和谐、健全的统一。依据眼睛位置大小，眼睑、睑裂的形态变化，眼的类型有以下几种。

① 标准眼：又称杏仁眼，被认为轮廓完美，线条轮廓节奏感强，外眼角朝上，内眼角朝下，眼睛两端的走向明显相反。

② 丹凤眼：被中国传统认为是最妩媚、最漂亮的形状。眼睛形状细长，眼裂向上、向外倾斜，外眼角上挑，多为单眼皮或内双。

③ 细长眼：睑裂细长，睑缘弧度小，黑珠与眼白露出较少。给人以缺乏眼神感，往往显得没有精神。

④ 圆眼：眼睛较大而圆，眼裂长，其上下宽度超出一般人眼睛的宽度，眼睛的外侧向外上方扬起，而同时双眼皮的形状也向外上方展开的。给人以年轻感。

⑤ 眯缝眼：睑裂及内外眦角均小，黑珠与眼白大部分被遮挡，眼球显小。缺乏眼睛的

神采和应有的魅力，给人畏光之感。

⑥ 吊眼：又称上斜眼，外眦角高于内眦角、眼轴线向外上倾斜度高，外眦角呈上挑状。这种眼型显得灵敏机智，目光锐利，但也给人比较小气的感觉。

⑦ 垂眼：外形特征与吊眼相反，外眦角低于内眦角、眼轴线向外下倾斜，形成外眼角下斜的"八字"眼型。让人感觉有凄苦之相。

⑧ 三角眼：上睑皮肤中外侧松弛下垂，外眦角被遮盖显小，使睑裂变成近似三角形。

⑨ 深窝眼：上睑凹陷不丰满，眉弓特别突出造成的，眼形显得整洁、舒展，年轻时具有成熟感，中老年给人以疲劳感。

⑩ 肿泡眼：又称金鱼眼，眼睑皮肤显肥厚，皮下脂肪臃肿、鼓突，使眉弓、鼻梁、眼窝之间的立体感减弱，外观有平坦浮肿。给人以不灵活、迟钝、神态不佳的感觉。

⑪ 远心眼：内眦间距过宽，两眼分开过远，使面部显宽，失去比例美，显得呆板。

⑫ 向心眼：内眦间距过窄，两眼过于靠近，五官呈收拢状，立体感增强，使面部显得严肃紧张。

⑬ 突眼：眼裂过于宽大，眼球大且向前方突出，黑珠全暴露，眼白暴露范围也多，若黑珠四周均有眼白暴露则俗称"四眼白"。

⑭ 小圆眼：顾名思义，小圆眼是指眼睛又圆又小，这种眼型并不多见。

4. 眼的功能和美学意义

眼睛不仅是重要的视觉器官，还是容貌的中心，是容貌美的重点和主要标志。人们对容貌的审视，首先从眼睛开始。一双清澈明亮、抚媚动人的眼睛，不但能增添容貌美使之更具魅力和风采，而且能遮去或掩饰面部其它器官的不足和缺陷。成语"画龙点睛"就体现了眼睛生理功能中的美学意义及其重要性。眼睛的形态、结构比例如何，对人类容貌美丑具有重要的影响，因此美学家称人的双眼是"美之窗"。容貌中眼睛最能传递内心情感信息，特别是眼神的微妙变化，常是表达各种感情和体现人的内在美和外表美的窗口。如日本谚语的"眼比舌更会说话"，大音乐家莫扎特的诗句"只用您的眼睛向我祝酒"等。

三、鼻子之美

五官端正，重心在鼻，通常认为理想的鼻子应是鼻长约为面部长度的1/3，鼻宽度大约相当于一眼的宽度。鼻子在容貌中尤其突出和醒目，与相对凹下的眼睛相互烘托，从而增强颜面的立体层次感，从鼻的侧面观，鼻部的轮廓线从鼻根至上唇占有面部的两个"S"形曲线，这也正符合容貌线条美的要素。鼻的形态稍有缺陷即对容貌造成较大的影响，故而有"颜中主"、"容貌之王"之称（图4-9、图4-10）。

图4-9 鼻

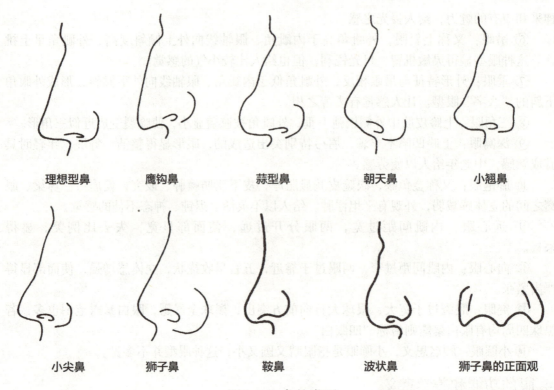

图4-10 鼻的类型

1. 鼻的定义与美学位置

（1）鼻的定义

鼻子是人体唯一的嗅觉器官，是呼吸系统的出入口。它由外鼻、鼻腔、鼻旁窦组成，而影响容貌美丑的是外鼻。外鼻呈三角形锥体，它是决定面部立体感的第一要素，具有重要的审美意义，自古以来便是评价面部美学特征的重要对象。

（2）鼻的位置

鼻位于颜面的中部，无论从正面看还是从侧面看，它都占据着重要的位置。外鼻为一底朝下的三棱锥体，上界与额部相连，下界与嘴相邻，鼻根部左右为双眼，鼻中部两侧与颧部、面颊部相毗邻。鼻长为鼻根点至鼻下点之间的直线距离，鼻的长度为面部长度的1/3，符合"三停五眼"的比例关系，正常人鼻长一般为6~7.5厘米；鞍鼻的鼻长偏短，常低于5.8厘米，一般鼻长大于颜面1/3为长鼻，小于1/3则为短鼻；鼻深为鼻下点至鼻尖点之间的投影距离，该距离决定了鼻尖前伸程度，鼻深理想值相当于鼻长1/3，女性为2.3厘米左右，低于2.2厘米者为低鼻型；鼻宽为左右侧鼻翼点之间的直线距离。一般相当于鼻长的70%左右。

2. 鼻的结构特点

（1）鼻额角

眉间点至鼻梁点连线与鼻梁线夹角称为鼻额角，此角的大小和位置的高低对容貌美特别重要。欧美人的鼻额角角度约为120度，中国人的鼻额角角度约为130~140度，此角与鼻形的曲线密切相关。鼻额角过大则显得额鼻扁平，过小则显得额鼻前突；该角位置太高，则呈长鼻畸形，位置太低，则又呈短鼻畸形。

（2）鼻唇角

鼻小柱前端至鼻底连线与鼻底至上唇红唇缘间连线的夹角为鼻唇角，90~100度为理想角度。该角度太大，鼻基部明显上翘，显得鼻背短；该角度过小，鼻基部则下倾或上唇突出，均影响美观。

（3）鼻尖角

鼻梁线与鼻柱中线之间的夹角为鼻尖角，约为70~85度，85度为最理想的角度。

（4）鼻面角

是前额至门齿的垂直线与前额至鼻尖的倾斜线所形成的角度，此角度为28度左右时最美。

在这几个角度中，鼻额角和鼻唇角在鼻部的审美中占有极其重要的位置。

3. 鼻的类型

鼻子的类型由鼻背部的弧度和鼻尖部的高低来确定，有以下几种。

① 理想型鼻：鼻梁挺立、鼻尖圆润、鼻翼大小适中、鼻型与脸型、眼型、口型等比例协调。

② 鹰钩鼻：鼻根高，鼻梁上端窄而突起，鼻尖部向前下方弯曲成钩状，鼻中柱后缩。

③ 蒜型鼻：鼻尖和鼻翼圆大，鼻背与鼻梁的形态不明显。

④ 朝天鼻：鼻尖位于鼻翼之后，鼻孔可见度大。

⑤ 小翘鼻：鼻根、鼻梁略低于鼻尖，鼻尖上翘。

⑥ 小尖鼻：鼻型瘦长、鼻尖单薄、鼻翼紧附鼻尖而展开度不大。

⑦ 狮子鼻：鼻梁过宽、鼻背及鼻尖大而开阔。

⑧ 鞍鼻：鼻梁塌陷，缺乏立体感，给人以愚笨、木讷之感。

⑨ 波尖鼻：鼻梁凹凸不平，缺乏线条美。

4. 鼻的功能和美学意义

鼻具有灵敏的嗅觉功能，可以感知不同的气味，鼻子还具有辅助情感表达的作用。如表示骄傲的情绪时鼻子向上耸动；情绪激烈时鼻翼会煽动等。在面部的情感表达中，它起着重要的协调作用。由于国家、地区、民族、风俗习惯和文化水平的差异，人们对外鼻的审美标准也存在一定的差异，主要体现在鼻根高度、鼻背形态、鼻根凹度、鼻翼突出度、鼻孔形状、鼻尖和鼻基底方向等方面。外鼻的轮廓，以鼻翼为宽，以鼻根点至鼻下点的间距为长，构成一个宽与长之比等于0.618或者近似值的"黄金矩形"。人身体有三个腰与底边之比等于0.618或近似值的"黄金三角"，全部集中在了面部，并且都是直接与鼻子有关系的。这三个三角形分别是外鼻从正面看，以鼻翼为底线与眉尖点构成一个三角形；外鼻从侧面看，以眉尖点为高，鼻背线与鼻翼底线又构成一个三角形；鼻根点与两侧口角点的连线是一个三角形，并且这个三角形的两条腰正好与鼻翼的两面相切。鼻部的三个"黄金三角"形对面部形象有极为重要意义的。

四、嘴唇之美

根据人类工程学的研究资料，人们对容貌的审视，依次是按眼睛、唇、面部轮廓、鼻、颊、耳的顺序进行的，所以，唇在面部的重要性仅次于眼睛，有时还会胜过眼睛。比如著名意大利画家达·芬奇的名作《蒙娜丽莎》，其重点表现的就是唇。俗话说：神在双目、情在口唇。唇同眼睛一样能传情，但唇的性感效应却是眼睛所无法比拟的。牙是人体最坚硬的美学器官，俗话说牙齐三分美，可见牙齿洁白整齐，能为人的形象增添较大魅力。唇齿联系非常密切，传统美学中，常把"唇红"与"齿白"联系在一起（图4-11、图4-12）。

图4-11 唇

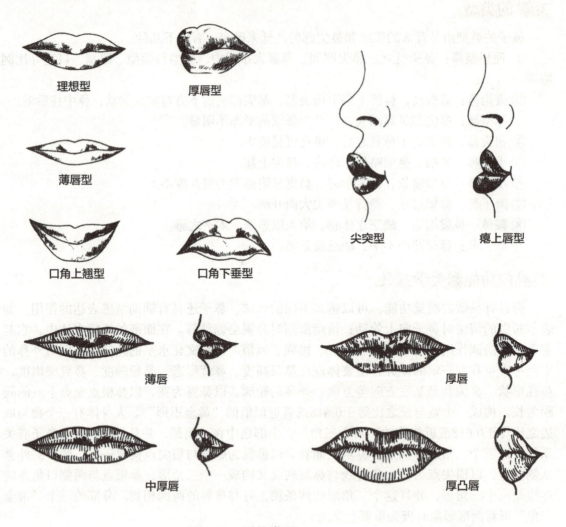

图4-12 唇的类型

1. 唇的定义与美学位置

（1）唇的定义

唇是面部活动范围最大的两个瓣状结构。唇部是吞咽和说话的重要器官，也是最具色彩、表情和动感，最引人注目的多功能混合性器官，是构成人容貌美的重要部位之一。唇在面部的作用并不亚于眼睛，嘴唇的形态、色泽、结构的完美与否，对容貌美有较大的影响。

（2）唇的位置

唇部位于面部的下1/3处，上界为鼻底线，下界为颏唇沟。两侧以"八"字形鼻唇沟为界与颊部相邻。口唇分为上唇和下唇两部分，两唇之间的横行裂称为口裂，口裂两端叫作口角。

2. 唇的结构特点

（1）口裂宽度

指上下唇轻度闭合时，两侧口角间的距离。理想的口裂宽度约为36～45毫米，相当于两眼平视时两瞳孔的中央线之间的距离。

（2）唇的厚度

指口轻轻闭合时，上下红唇部的厚度。由于上下唇的厚度不完全一致，而且下唇通常比上唇厚，女性美唇标准值应为上红唇8.2毫米，下红唇9.1毫米。男性则比女性稍宽1～1.5毫米。

（3）上唇的唇红缘

唇红与皮肤交界的地方叫作唇红缘，上唇的唇红缘呈弓背状，叫作唇弓，加上微微上翘的嘴角，形成了所谓的"爱神之弓"。弓下称作唇珠，唇弓正中并微向前凸者叫作人中，人中两侧的唇弓最高点为唇峰（或叫弓峰），唇缘弓的中央最低凹处则称为唇谷，此谷可衬托唇珠突出，使唇形更添魅力。

（4）下唇的唇红缘

下唇的唇红缘呈不明显的"W"形，结构较上唇简单。红唇部较上唇稍厚，突度较上唇稍小，与上唇对应协调。下唇与颏部的交界处形成一沟，名为唇颏沟，此沟存在与否及其深浅对容貌美有着直接影响。

（5）唇齿关系

发育良好、排列整齐的牙齿不仅能使唇颊丰满，色泽自然，健康的牙齿和红润的双唇还会增加面部的色彩美，给人以健康的印象。

3. 唇的类型

从正面观察，唇形可根据上下唇平均厚度、口裂宽度和唇的形态进行分类。

① 根据上下唇平均厚度可分为四种唇型，分别是厚度在4毫米以下的小薄唇；厚度在5毫米的中等唇；厚度在9～12毫米的偏厚唇；厚度大于12毫米的厚凸唇。

② 根据口裂的宽度可分为三种唇型，分别是口裂宽度在35毫米以下的樱桃小口，属窄型，是女性较美的一种口型；口裂宽度在36～50毫米之间的中等唇型，多数男女的口裂属此型；口裂宽度大于50毫米的宽大唇型，俗称大嘴巴，外观不美。

③ 根据唇的形态可分为三种唇型，分别是方型唇、尖型唇、圆型唇。

4. 唇的功能和美学意义

唇与面部表情肌密切相连，使唇不仅具有说话、进食、呼吸等功能，而且具有高度变化的表情功能。唇在容貌审美中的优势首先是色彩美，娇艳柔美的朱唇尤其是女性风采的特征之一。长期以来，人们对美的唇型基本达成了共识，即：上下唇协调对称，双侧饱满对称，上下唇厚度适中，唇的曲线、弧度优美流畅。西方流行大嘴巴，以嘴唇厚、嘴形大、曲线分明为美，认为这样的嘴才是最性感的，所以有着超大嘴巴的著名影星朱丽娅·罗伯兹便是西方公认的漂亮美女。中国传统对嘴唇的审美要求是其色要红润、其形要小巧，嘴角微翘显得俏皮。如人们常以"樱桃"来比喻唇，即是因其形，更由于其色。

五、耳朵之美

在容貌的五官造型中，耳朵是经常被忽略的部分。双耳位于头部的两侧，左右各一，是容貌的配角。耳的位置和形态的完美能增加容貌的对称美。可以使面部容貌更趋和谐、完美，因而是容貌美不可或缺的部分（图4-13、图4-14）。

图4-13　耳

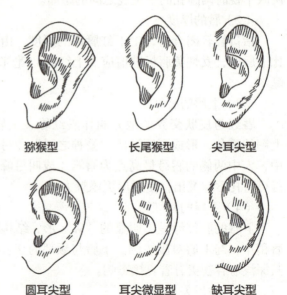

图4-14　耳的类型

1. 耳的定义与美学位置

（1）耳的定义

耳是人的听觉器官。决定耳朵外观的是外耳的耳廓。

（2）耳的位置

耳位于头颅的两侧，与头颅侧壁呈30度左右的夹角，耳的上缘约与眉毛等高，下缘（耳垂附着点下界）位于鼻底的水平线上，此两线基本上是平行的。

2. 耳的类型

耳的类型可根据耳廓的形态和外展度进行分类。

① 根据耳廓的形态可分为：耳轮上外侧呈尖形突出而不向内卷，耳垂大而圆的猕猴型；耳轮上缘有尖形突起，外侧向内卷不明显，耳垂大而尖的长尾猴型；耳廓上外侧缘圆滑，外侧缘内卷曲的尖耳尖型；耳廓略宽，上缘及耳垂略呈尖形的圆耳尖型；耳廓上缘平坦，侧缘内卷曲延伸至耳垂，耳垂小的耳尖微显型；耳廓外缘弧度较大，边缘向内卷曲明显，耳垂小的缺耳尖型。
② 根据耳廓的外展度可分为：耳廓横轴与颞部所形成的角度不超过30度的紧贴型；耳廓横轴与颞部所形成的角度介于30~60度的中等型；耳廓横轴与颞部所形成的角度大于60度的外展型。

3. 耳的功能和美学意义

一般人认为耳的生理功能只限于收集声波、戴眼镜和佩戴首饰。不同地域、不同时代的人对耳朵有不同的审美认识，西方民族忌讳大耳，东方民族认为大耳是幸福和富贵的象征，如佛的画像总是大耳。从容貌美的角度来看，形态和谐的双耳既体现了面部的立体感，也是衡量容貌对称美的要素之一。一对圆润、坚实、饱满、红润的耳朵对容貌美有促进作用，耳朵上多姿多彩的耳饰可增加容貌的对称美、和谐美及色彩美。充满动感的耳饰可衬托出佩戴者的妩媚迷人，适当的选戴耳饰还可起到调节脸型缺陷、画龙点睛的作用。

六、额、颧、颊、颏之美

1. 额部之美

额位于眉之上，占容貌上1/3的位置，是面部三停中的第一停，是较为开阔平坦的容貌结构，无论男女都以平额为佳。额部发育良好，才能显示出头部健康而富有生命力的美丽姿容。黑格尔认为额是人脸中最能表现出思维、感情和精神的部位，头额是聪明和智慧的象征。古往今来，智者的形象无一不是有着舒展宽广的额部。但前额太大、太宽，会给人一种痴呆感；前额太小、太窄，又显得天庭不饱满，像个小头畸形，给人以缺少智慧感。额部微微突起并柔和平稳地过渡到鼻根部，从侧面看，额部至鼻尖形成"S"形的优美曲线，使面部中央呈现出一种自然柔美的和谐美（图4-15）。

图4-15 额、颧、颊、颏之美

2. 颧骨之美

颧骨位于容貌的中1/3处，即所谓三停中的第二停的位置，它对容貌的影响主要体现在与鼻、颞部乃至颊是否和谐统一。白种人的颧骨部横向突出，黄种人则颧骨凸出，颞部和面颊低平，使整体面部呈现扁平感。如果将头抬起使面部保持水平，在不考虑鼻的突出情况下，根据颧骨与颧弓突出情况，可以将颧骨分成圆方型、直角型、平缓型三种类型。颧骨与鼻和颊的和谐统一，使脸型的中部自然平缓，这样的容貌最具有魅力，如果颧骨过于肥大，就会使脸型中部突出，形成菱形脸。

3. 颊部之美

颊位于面部的两侧，上起自颧弓，下致下颌下缘，前界在鼻唇沟，后界在嚼肌前缘。颊部的美主要靠面部肌肤和脂肪形成的柔软、光滑而又富有弹性及泛红的面颊，才能显示出青春美和健康美。女性容貌之美，颊部也是审视的焦点，颊部的美学意义在于它参与面部表情，协助口唇表达笑容等活动。容貌的丰满度在很大程度是由颊部决定的，颊部在微笑时能为容貌平添风采。除此之外，颊部之美还有酒窝、羞涩美两个特殊的表现。

（1）酒窝美

酒窝是颊部审美上的一个特殊现象，是面部表情肌运动时在颊部出现的凹陷，又称笑靥或双靥。酒窝给人以甜美亲切的感觉，丰富了面部表情。女性的酒窝给人以温存甜美的感觉。情爱中的女性，笑靥浅露，回眸生情，堪称女性美丽的绝世风姿。

（2）羞涩美

羞涩是人类特有的表情，它是面颊部又一道审美风景线，羞涩主要表现为两颊潮红，羞涩是人类从蒙昧走向文明的结果和文明进化的产物。是人的自重、自爱、自信意识的表现，是人类纯真情感、高尚心灵的显露。女性的羞涩能充分显示女性丰富的内涵和端庄的气质。女性羞涩是脸上泛起红云，如初春桃花，使女性更加显得妩媚动人。羞涩是感情的闪烁，性格的展示，给人以朦胧之美、迷离之感，是一种含蓄之美。情爱中的羞涩，像一种感情的信息，传递着心灵的爱慕，拨动着异性的心弦。

4. 颏部之美

颏是容貌美中的重要结构，占面容的1/4，是决定容貌美的下半部分，下半部从鼻到唇、从唇到颏形成的两个"S"形曲线，是最能体现脸部曲线美的部位。脸的长短、下半部的形状，主要取决于颌骨的形状和大小，只有下颌和面部其它器官相互和谐，才能有五官端正和谐的面部轮廓。由于人类吃的食物越来越精细，牙齿和颌骨慢慢退化，双唇后退，颜面结构特征发生显著变化，颏的宽度和轮廓越来越明显。人们常常认为微微突出上翘的颏部是漂亮的，西方人十分重视颏的形态和大小，认为发育良好的颏是性格勇敢、刚毅、果断的象征，而下颌发育不良、颏部后缩，或颏不对称等，都有损面部形态的和谐美，被视为性格怯懦和优柔寡断的象征。颏根据其形态不同可将分为方形颏、圆形颏、尖形颏、不对称形颏四种类型。颏的宽窄、长短、收突往往能决定一个人的面容美丑。

复习思考题

1. 简述容貌的结构美。
2. 简述容貌的动态美。
3. 试述容貌的审美意义。
4. 试述容貌中的五官美。
5. 举例说明并分析五官与容貌美的关系。

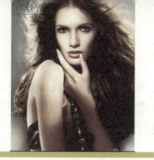

第五章 形象设计的形体美

学习目标： 通过本章学习，使学生理解人体体型、皮肤、躯干与四肢美的形态特征，掌握人体皮肤、躯干与四肢美的审美意义，以及黄金律与人体美的关系。

形体美是指人的整体指数合理和人体各部位之间的比例关系恰当，形成优美和谐的外观特征。形体美是介于自然美和社会美之间的人的外在美的重要组成部分。就人体的生理形态而言，基本上属于自然美，就人体必然打上人的思想、性格的烙印来讲，又属于社会美。由于人体所能表现的人的思想和性格毕竟有限，人体基本属于自然美。人是社会的人，除遗传因素外，后天的劳动锻炼以及一定社会环境中形成的审美习惯也是重要的因素。因而，人体美是自然美与社会美的统一，是带有深刻社会性的自然美，也只有社会化的人才具有真正的形体美。人体头部的外观形态组成了人的容貌，包裹人体的皮肤质地和颜色构成了人的肤色，人体躯干和四肢所组成的外观形态构成了人的身材，人的神情特征和肢体语言特征构成了人的气质。本章只就人的皮肤、躯干、四肢、体型等方面进行探讨。

第一节 人体皮肤美学

皮肤是人体最大的器官，总面积为1.5～2平方米，皮肤覆盖全身，由表皮和真皮构成的，借皮下组织与深部组织相连。皮肤内含有表皮衍生的毛发、皮脂腺、汗腺和指（趾）甲等附属器，厚度因人或因部位而异，为0.5～4毫米。女性较男性、小儿较成人的皮肤要薄些，而且柔软、较红润、有光泽，年轻人的皮肤较细腻、滑嫩、富有弹性，显得丰满健壮。毛发是皮肤的附属，一头健康、漂亮的头发可令人增添无穷的魅力。

一、皮肤的结构、分类及功能

1. 皮肤的结构

皮肤由表皮、真皮和皮下组织构成。

（1）表皮

表皮是皮肤最外面的一层，平均厚度为0.2毫米，根据细胞的不同发展阶段和形态特点，由外向内可分为5层。分别为角质层、透明层、颗粒层、棘细胞层、基底层。基底层细胞再生能力较强，具有很强的修复功能，产生的新细胞依次向上推进，经棘细胞层和颗粒层逐渐演变为角质层，最后脱落。基底层细胞间夹杂着一种来源于神经嵴的黑色素细胞，黑色素细胞产生的黑色素（色素颗粒），决定着皮肤颜色的深浅。

（2）真皮

真皮属于致密结缔组织，来源于中胚叶，由胶原纤维、弹力纤维、网状纤维、基质和细胞构成。接近于表皮的真皮乳头称为乳头层，又称真皮浅层；其下称为网状层，又称真皮深层，两者无严格界限。胶原纤维韧性大，抗拉力强，使皮肤具有一定的伸展性；弹力纤维在真皮乳头层与表皮表面呈垂直排列，拉力延伸后可恢复原状，使皮肤具有弹性；网状纤维是未成熟的胶原纤维，它环绕于皮肤附属器及血管周围；基质是一种无定形的、均匀的胶状物质，充塞于纤维束间及细胞间，为皮肤各种成分提供物质支持，并为物质代谢提供场所。

（3）皮下组织

皮下组织来源于中胚叶，在真皮的下部，由疏松结缔组织和脂肪小叶组成，其下紧临肌膜。皮下组织的厚薄依年龄、性别、部位及营养状态而异。有防止散热、储备能量和抵御外来机械性冲击的功能。

2. 皮肤的分类

（1）干性皮肤

干性皮肤的毛孔细小，皮脂分泌少，颜色红白细润，但无光泽。皮肤表面干燥，缺少柔润感，不耐风吹日晒，无法适应天气的变化，在干燥季节易产生龟裂，在人体弯曲部位和活动频繁的部位易出现条纹，尤其眼部及唇部四周最为明显。较厚的干性皮肤毛孔粗大，表面组织粗糙。细致而较薄的干性皮肤，对物理和化学的以及机械媒介的刺激反应迅速，水分消失严重。

（2）油性皮肤

油性皮肤的皮脂腺分泌油脂过多，使皮肤油亮，有时在清洁过后数小时皮肤会有黏腻感。毛孔较其它的肤质粗大，较易阻塞，易生座疮，如遇感染，可形成脓疮。皮肤的酸碱度不稳定，酸性过多时会出现斑点。此类皮肤显得比其它皮肤年轻，耐风吹日晒等外界的刺激，但因为常有粉刺、痤疮而显得欠美观。

（3）敏感性皮肤

敏感性皮肤受环境及化妆品刺激后，会出现红肿、痒痛等反应，医学上称之为过敏反应。敏感性皮肤较薄，可见细微血管，大多毛孔粗大，油脂分泌偏多，受外界刺激易出现痕迹、发炎和斑疹。有的敏感皮肤受太阳照射时出现红斑，而有的对某些食物敏感而出现皮疹和红肿瘙痒。

（4）中性皮肤

中性皮肤又称为标准型皮肤，介于干性和油性皮肤之间。这类皮肤的毛孔不粗不细，看起来很健康且质地光滑，有均衡的油脂和水分，对外界刺激不敏感，不易出现皱纹的早期老化。夏季时"T"字区域略为油腻，冬季偏干。皮肤柔软、细腻、滑嫩，表面清新亮泽，但在烈日和干燥环境下会出现衰退。

（5）混合性皮肤

混合性皮肤是一个人的脸上既有油性皮肤也有干性皮肤，"T"字区域（额头、鼻子、至下巴）呈油性，皮肤多粗糙，甚至有黑头、粉刺、暗疮，而两颊及脸部的外缘则相对干燥，此类皮肤如加以适当的保养，可以使皱纹迟至晚年才出现。

3. 皮肤的功能

皮肤具有保护、感觉、调节体温、以及吸收、分泌与排泄、新陈代谢等生理功能。

（1）保护功能

皮肤覆盖在人体表面，表皮各层细胞紧密连接。真皮具有一定的抗拉性和弹性，当受外力摩擦或牵拉后，仍能保持完整，并在外力去除后恢复原状；皮下组织含有大量脂肪细胞，有软垫作用；皮肤的角质层是不良导体，对电流有一定的绝缘能力，可以防止一定量电流对人体伤害；皮肤的角质层和黑色素颗粒能反射和吸收部分紫外线，阻止其射入体内伤害内部组织；皮脂腺分泌的皮脂和汗腺分泌的汗液混合，形成的乳化皮肤膜可以滋润角质层，防止皮肤干裂；汗液在一定程度上可冲淡化学物的酸碱度，保护皮肤；皮肤表面的皮脂膜呈弱酸性，能阻止皮肤表面的细菌、真菌侵入，并有抑菌、杀菌的作用。

（2）感觉功能

皮肤内含有丰富的感觉神经末梢，可感受外界的各种刺激，产生各种不同的感觉，如触觉、痛觉、压力觉、热觉、冷觉等。

（3）调节体温

皮肤是机体进行体温调节不可缺少的器官。皮肤通过感觉神经末梢来感知外界温度的变化，通过一系列的反射，调节皮肤内血管的收缩和舒张、毛孔的关闭和开放、汗液分泌的减少与增多等。当外界气温降低时，皮肤的毛细血管收缩，汗液减少，以防止体内热量外散；当外界气温升高时，血管扩张，汗液分泌增多，以利散热，以保持体温的恒定。

（4）分泌与排泄

皮肤的汗腺可分泌汗液，皮脂腺可分泌皮脂。皮肤通过出汗排泄体内代谢所产生的废物，如尿酸、尿素等。

（5）吸收功能

皮肤并不是绝对严密无通透性的，它能够有选择地吸收外界的营养物质。皮肤直接从外界吸收营养的途径有三：营养物渗透过角质层细胞膜，进入角质细胞内；大分子及水溶性物质有少量可通过毛孔、汗孔被吸收；少量营养物质通过表面细胞间隙渗透进入真皮。

（6）新陈代谢

皮肤细胞有分裂繁殖、更新代谢的能力。皮肤的新陈代谢功能在晚上10点至凌晨2点之间最为活跃，在此期间保证良好的睡眠对养颜大有好处。皮肤作为人体的一部分，还参与全身的代谢活动。皮肤中有大量的水分和脂肪，它们不仅使皮肤丰满润泽，还为整个肌体活动提供能量，可以补充血液中的水分或储存人体多余的水分。

二、皮肤的审美意义及特征

皮肤不仅具有重要的生理功能，而且是人体最大的感觉器官和最引人注目的审美器官。它能传递人体美感信息，使人产生美感。完整光滑的皮肤能给人以感观上的愉悦感、光滑感和柔韧感。柔韧的皮肤包裹人体，使人体显露出弧形的曲线，体现了人体的曲线美以及各部位之间的和谐美，是任何一件完美的图画、雕塑都无法比拟的（图5-1、图5-2）。

1. 皮肤的审美意义

美感的特征是直觉性、愉悦性、生动性与形象性。健美的皮肤则是刺激审美主体产生直觉上审美愉悦感的物质基础。富有动感和质感的肌肤，不仅是充满生命活力的体现，而且能向审美主体传递生命美感信息。

皮肤生命美感信息的释放，一般依人的性别、年龄、职业、种族和情感而异。女性的皮肤较男性细腻、光泽、柔嫩和圆润，蕴含着女性的温柔与亲切、善良与娴熟。体现的是一种温柔之美的生命信息，而男性的皮肤则起伏强烈，血管充盈，体块坚实，强悍的内张力，使人感到有一股威慑力，释放着男性阳刚之美的生命信息；少女柔嫩润滑的肌肤与弧形的曲线，渲染了人体的文化，表现出一种崇高的青春自然美的生命信息，而老年人的皱纹或白发，则体现了岁月的写照，流露出丰富的内涵美与成熟美的生命信息；不同的人对不同的事物也表现出不同的情感和不同的行为状态。在美好情感的作用下，人体皮肤会因微循环被激活而显得容光焕发，富有弹性，充满生命活力，给人一种美好人生的生命信息。

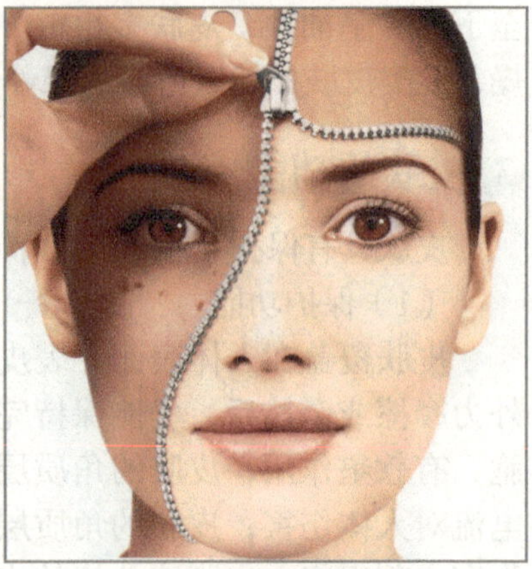

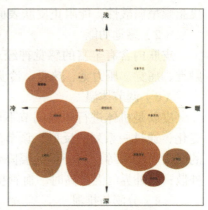

图5-1　人体皮肤的质感

图5-2　人体肤色图

2. 皮肤的审美特征

（1）色彩美

皮肤的色彩是视觉审美过程的重要特征，所谓"一白遮百丑"，就肯定了女性白皙晶莹的皮肤能给人带来视觉美感。但单纯追求没有血色的肤色则会显得苍白、憔悴，给人一种病态感。皮肤的色彩通常随着民族、性别、年龄、职业等的差异而不同。例如黄种人在正常情况下应是微红、稍黄的肤色，而黑种人则是黝黑透亮的。

（2）质地美

质地美是皮肤美学特点的重要表征之一。皮肤的质地包括皮肤的细腻与滋润与否，它反映了皮肤的生机与质量，体现了皮肤的生理功能和结构特征。细腻的皮肤无论是从视觉还是从触觉的角度来讲，都给人以无限的美感。皮肤的滋润程度，是皮肤的功能与心境状态的真实写照。

（3）光泽美

皮肤的光泽，是具有生命活力的体现。带有柔嫩、光滑、润泽感的皮肤能给人一种容光焕发，精神饱满而自信的感觉。若皮肤晦暗，往往是精神疾病或心理障碍的表现。

（4）弹性美

皮肤弹性取决于皮肤内弹性纤维的数量、皮肤的含水量及脂肪含量。具有弹性的皮肤坚韧、柔嫩，富有张力，表明皮肤的含水量及脂肪含量适中，血液循环良好，新陈代谢旺盛，它展示的是具有诱人魅力的质感与动感，体现了人体美的神韵并传达出无尽的美感信息。

第二节 躯干与四肢美

人体的四肢和躯干是由颈、肩、背、胸、腰、臀、上肢和下肢等组成，它们的美是建立在各自部位的正常形态及生理功能上的。四肢和躯干展示的美都透露着生命的活力，女性皮肤细腻，体形丰满而圆润，曲线玲珑而富有变化，呈现出一种阴柔之美；男性四肢肌肉鼓胀，富有弹性，显示出男性的阳刚之美。

一、颈部美

1. 颈部的形态特征

颈部，俗称"脖子"，是头与身躯的连接，由颈阔肌和胸锁乳突肌等组成。颈部基本形状从正面和后面看是圆柱体，从侧面看是上下面平行倾斜（前低后高）的圆柱体。颈的前面称颈，后侧为项。颈部上界是下颌缘和枕骨粗隆，下界是锁骨和第七颈椎脊突。男性颈部比较粗短，喉结大而且较低，颈肌粗圆发达，显示出男性力度之美；女性颈部平滑、洁白、细腻、修长，形似优雅的天鹅脖颈，所以常被形容为"玉颈"（图5-3、图5-4）。

图5-3　脖颈是颈部最能体现女性美的一个部分

图5-4　女人的颈，丰盈而富于性感

2. 颈部的形态审美评级

颈部可分为正常颈、细长颈、粗短颈、探颈、仰颈、斜颈和缩颈等。正常的颈部前凸适宜，粗细与头部大小和肩宽相协调，在直立时两侧对称适中，长短粗细与身材相称，甲状腺软骨区平坦不显露，引颈时胸锁乳突肌略有突起，血管不外露，端正而不歪斜，丰满而不臃肿，皮肤紧张而有弹性，颈颌角和谐清晰，颈部运动灵活，颈围与身高比例合适等。根据颈的长短、颈围大小、颈部皮肤状态和喉结大小，对颈部的形态审美评级如下。

+3级：颈项较长，颈围中等或较细，皮肤光滑无皱纹，喉结不明显。

+2级：颈项较长或中等长，颈围中等或较细，皮肤光滑无皱纹，喉结不明显。
+1级：颈长中等偏上，颈围中等，皮肤欠光滑或有少许褶皱，喉结基本不显。
±级：颈长、颈围中等偏下，皮肤有少许褶皱，喉结不太明显。
-1级：颈项较短且粗，颈围偏大，皮肤有褶皱，喉结可见。
-2级：颈项粗短，颈围大，皮肤有皱褶，喉结明显。
-3级：颈项特短，颈围径特大，皮肤有褶皱或脂肪松弛，喉结明显。

3. 颈部的审美意义及作用

审美意义的颈部主要是指人体的外露部分，其形态美通常与容貌美相联系，在人的形象美中占有比较重要的地位。颈部美应当是两侧对称、细长有力、肌肉饱满、皮肤细腻、平滑有弹性且活动自如。现代美学认为女性纤细修长的颈部，具有线条的秀美和肌肤的质感美，女性在颈部的后面距乳突下3～4厘米处，有三条被人称之为"维纳斯"项圈的横皱纹，这是女性颈部特有的美学表征；女子颈稍细长，平滑细腻，喉结小而且位置高，颈下部甲状腺较男子发达，所以颈部从侧面看呈上细下粗状。男性喉结比女性的大30%左右，而且位置较低；女性的甲状腺比男性的发达丰满。这些特点都是在青春期以后才开始表现出来的，富有性感的美学特征。

二、肩部美

1. 肩部的形态特征

肩部是上肢的起点，由两肩关节形成基本骨架，是颈、胸、背和上臂相互连续的部位，是人体中活动范围最大的关节。肩部的三角肌环抱着肱骨，关节一头连接着上肢，另一头扇形延伸到锁骨和肩胛骨，从而形成了肩膀的柔和线条。男性肩部发达的三角肌和斜方肌，使男性的肩平宽、肩峰高、结实，体现出男性阳刚的"倒三角"健美体型；女性三角肌起点处薄弱，而中部厚而宽，使女性的肩平薄窄、肩峰低、圆润，增添了女性阴柔的曲线玲珑美（图5-5、图5-6）。

图5-5 天下之美尽在一肩

图5-6 曲线，对称之美是肩部的审美标准

2. 肩部的形态审美评级

肩部形态可分为正常肩、溜肩、平肩、耸肩和不对称肩等。正常的肩部要求双肩对称，稍宽微圆，略显下削，无耸肩垂肩之感，上缘与颈部连续处高于肩峰，此连续处和肩峰间的假设连线与水平的夹角小于45度，男性肩部三角肌轮廓清晰可见，女性肩部圆滑丰满。正常状况时女性肩部的夹角大于45度，平肩夹角明显减少，耸肩肩峰高于肩部上缘与颈部连续处，不对称肩的左、右两侧不对称，表现为一平一耸、一平一溜及一耸一溜等。根据肩的外形和锁骨窝的大小，对肩部的形态审美评级如下。

+3级：双肩有力，圆润而不下塌，锁骨窝基本不显。
+2级：双肩圆润，不下塌，锁骨窝基本不显。
+1级：双肩较圆滑，不塌或微下塌，锁骨窝不太明显。
±级：双肩较圆滑，微微下塌，锁骨窝明显。
-1级：双肩下塌或呈方形，锁骨窝亦明显。
-2级：双肩下塌明显，锁骨窝亦明显。
-3级：双肩呈方形，锁骨窝明显。

3. 肩部的审美意义及作用

肩部作为上肢与躯干之间的连接部，在维持上肢的各项功能方面起着巨大的作用，如果没有肩部向外的支撑作用，则上肢的功能将大受限制。两肩的魅力看起来不及人体的其它部位重要，然而因为它是人体的第一道横线，所以很引人注目，是构成人物形象整体美感的重要部分。对于人体而言，对称是美的基本原则之一。双肩作为人体的重要骨架之一，它的对称格外重要，这不仅仅因为双肩对称才好看，更重要的是它影响着女性的整体美，如果双肩不对称，那么人体的每一部分都随之而变形。女性的肩型多为圆润型或平滑型，肩膀显得柔嫩丰润，具有一种柔和的曲线美，所谓的溜肩和削肩都是针对女性的肩部的曲线说的，它不像男性的肩那样，与颈部构成的角度为直角，呈水平状态，女性的肩则呈一定的坡度，与颈部构成的角度则比较和缓平滑，这使得她的曲线美充分体现出来。女性的肩部与胸部的关系密不可分，肩部是胸部的导引地带，它的袒露直接让人联想到胸部的风情，其肩部与胸部构成的曲线具有动态的性感之美。肩是美的承担者，从视觉上来讲，肩部给人最直接的印象是它的肌肤，对于女性的双肩而言，肌肤细腻均匀、富有新鲜光泽是它质地美的标准。至于曲线，对称之美则是审美的深层次标准。

三、背部美

1. 背部的形态特征

背部上界为第一胸椎，下界为第十二肋，边界为腋后线。男性斜方肌和背阔肌发达，呈方形，背部宽阔厚实挺拔（图5-7）。女性背部肌肉不发达，皮下脂肪较厚，背部显得光滑圆浑，后突弧度稍大的胸椎与颈椎前突共同构成了流畅的"S"形曲线（图5-8）。

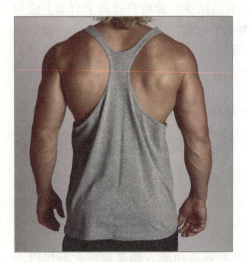

图5-7　男性背部发达的肌肉

图5-8　女性背部流畅的曲线

2. 背部的形态审美评级

背部是最容易使人忽略的部位，标准的美背是没有瘢痕、疤痕、生理缺陷造成的凹凸，光滑细腻、毛孔微细，没有太重的汗毛，生理弯曲正常，没有驼背含胸，在双肩位置向下至腰部有大于2~3度的倾斜。女性背部美的标准一般是指背部宽窄适中，与臀部的比例适当，肌肉丰满、腰部起伏、弯曲明显，脊柱沟比较明显、肩下骨不太突出。根据脊柱的生理弯曲情况，可将背部的形态分为正常背、驼背、直背和鞍背等。

（1）正常背

头颈正直地落于肩上，脊柱各弯曲在正常范围内。

（2）驼背

驼背分为少年性驼背、职业性驼背、老年性驼背和病理性驼背，一般是以其程度严重者而言，表现为脊柱、胸曲过分后凸，呈圆弧状，头颈落于标准姿势线的前方。

（3）直背

表现为脊柱胸曲和腰曲弯度均过小。

（4）鞍背

脊柱胸曲下段和腰曲过分前凸，致腹部前突，头颈和上部躯干落于标准姿势线后方。

3. 背部的审美意义及作用

背部的挺拔与否，直接决定了一个人整体形象的美丽程度，一个结实健美的背部，不仅会让你看起来形态优美、线条流畅，整个人也会显得高很多。女性背部的审美，主要是流畅的"S"形曲线和肌肉起伏的美，也是人体侧面和正面不同角度观察时的轮廓美。虽然不及脸部和胸部重要，但它却可在女性整体的躯干美中，辐射它特有的魅力。女性背部的肌肉浑圆，有厚度感，质地柔软，粉嫩雪白，这是最能看出女性皮肤好坏的大面积平坦区域。女性背部美的主要缺陷是驼背、脊柱过弯、过于瘦削和肥胖。

四、胸部美

俗话说：男子美在双肩，女子美在曲线。男性的双肩美与女性的曲线美都是以胸部美为基础。人的胸部以近似圆锥形的胸廓为支架。胸部美包含着胸部的整体形态美和乳房美（图5-9、图5-10、图5-11）。

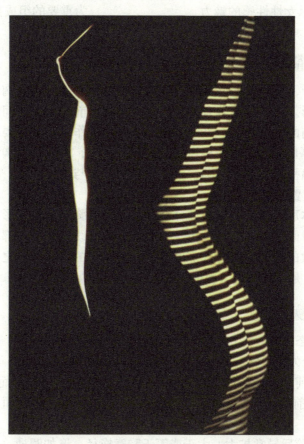

图5-9　胸部美包含着胸部整体形态美和乳房美

图5-10 丰满富有弹性的胸部显示女性性感的魅力

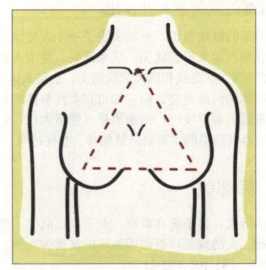
图5-11 乳房是女性胸部曲线美最为重要的组成部分之一

1. 胸部的形态特征

胸部上界为锁骨,下界为肋弓,两边界为腋中线。胸由肋骨、胸骨、胸椎构成的胸廓支撑,呈近似圆锥形。胸部外附着有胸大肌、胸小肌、前锯肌及肋间内外肌。胸廓的外部形态取决于这些肌肉的发达程度,其中以胸大肌所起的作用最为重要。男性胸肌为隆起的四方形,胸廓大,厚且宽,与腹部相比,胸长小于腹长,因发达的胸大肌而显示出伟岸之气;女性胸肌较为扁平,胸廓窄而圆,下部内收明显,与腹部相比,胸长与腹长相等,故显得下腹长,腰际位置高。

乳房是胸部整体形态的重要组成部分,是区别男女胸部的整体形态美的主要部位。乳房在第二至第六肋骨间,内界为胸骨旁线,外界为腋前线。女性胸部突出的部分是乳房。漂亮美观、起伏有致的乳房是女性胸部曲线美最为重要的组成部分之一,丰满健美的乳房是成熟女性的标志,是女性魅力的表征。

2. 胸部的形态审美评级

(1) 胸部的形态

胸部的形态可分为正常胸、扁平胸、桶状胸、鸡胸、漏斗胸等。

① 正常胸胸廓前后径与横径之比为3:4,胸骨较平坦,胸肌结实而丰满。
② 扁平胸胸廓前后径与横径之比明显小于3:4,故胸部显得扁而平,肩高耸,锁骨上下凹陷明显,肋骨毕露。
③ 桶状胸胸廓前后异常扩大,大于或等于胸廓横径,形如圆桶。
④ 鸡胸胸廓侧壁向内凹陷,胸骨向前突起,形如鸡的胸廓。
⑤ 漏斗胸胸骨下段凹陷,内陷的最深点在胸剑联合处,形如漏斗。

(2) 乳房的形态

女性理想的乳房丰满、匀称、柔韧而富有弹性,呈半球型或圆锥型,位置在第二至第六肋间，乳头位于第四肋间，乳轴与胸壁几乎呈90度，两乳头间距离约18~24厘米，乳房微微自然向外倾，厚约8~10厘米，中国女性完美胸围大小与身高的关系为身高×0.53。女性乳房的大小、形态及前突程度因人而异，根据生理发育情况，成年未育女性乳房可分为幼稚型、圆盘型、半球型、圆锥型、下垂型等。

① 幼稚型乳房基本未发育，可见到微微隆起的轮廓或在乳晕区及周围有发育形成的小乳房，乳头、乳晕形态基本正常，环差小于10厘米（环差等于胸围减下胸围）。青年女性小乳房的比例约占10%。

② 圆盘型乳房前突约为2~3厘米，乳房稍有隆起，胸围环差约12厘米，看上去不算丰满，属比较平坦的乳房，着衣时难见乳房形状，不够理想乳房美的标准。女性圆盘型乳房的比例约占15%，多见青春发育初期女性。

③ 半球型乳房是中国女性中较为常见的一种形状，前突约为4~6厘米，胸围环差约14厘米，乳轴与胸壁几乎呈90度，属较美观的乳房，着衣时可见到乳房形。其形态像半球型，乳房浑圆、丰满。青年女性半球型乳房的比例约占50%。

④ 圆锥型乳房前突约为5~6厘米，胸围环差约16厘米，乳轴与胸壁形成的角度小于90度，乳房形态饱满挺拔，乳体富有弹性和柔韧感。由于重力作用，乳头和乳体稍向外下方移位，乳峰前突且微微上翘。乳房上部皮肤成斜坡形，下部皮肤为弧线形，胸肌线上形成明显的乳沟，着任何衣服都能显示胸部的丰满感，这种乳房不仅造型美，而且最具性感魅力。青年女性圆锥型乳房的比例约占20%。

⑤ 下垂型乳房纵轴长度等于或大于乳房基部直径，受垂力作用呈下垂形态，乳房尾部明显隆起，乳房下部皮肤最低点低于乳房下缘，乳沟宽而浅，皮肤较松弛，弹性较差，美学特征不良。青年女性悬垂型乳房的比例约占4%。

3. 胸部的审美意义及作用

女性的胸部愈来愈凸显出它作为审美对象的一面。在女性美中，除脸部的魅力以外，最富于魅力的，非胸部莫属了。女性胸部美的精华，就是线条感、流动感和性感。具有魅力的女性乳房，丰满而富有弹性，坚挺而不下垂，侧视有明显的蛇形曲线。现在国际上一般认为，乳房质地紧实、富有弹性、有光泽，乳房外观正常、悦目，颜色粉白，乳头挺出，大小正常，状如珍珠者，为有魅力的标志。医学美学认为，女性的曲线美是世界上最美的事物。英国画家荷迦兹说："一切由所谓波浪形线、蛇形线组成的物体，都能给人的眼睛一种变化无常的追逐，从而产生心理乐趣。"而人体的曲线最重要的是三围（胸围、腰围、臀围的美丽与比例），三围中第一围便是胸围。在胸部、腰部、臀部三者中，胸部是女性较之男性最为显著和特别的部分，女性胸部是最富魅力的部位，也是最具性吸引力的部位。同时对于女性整体美来说，胸部可以说是一个发散的基地，由胸部美而影响到全面，影响到整个体态、影响到全身的轮廓和曲线，也影响到女性美整体的魅力、性感和风采。从咽喉至两乳头呈现的一个等边三角形，被美学家称之为"金三角"，加上丰满且富有弹性的乳房，突出于胸部，是女性最具魅力的一段。发育成熟的年轻女性，乳房坚挺、腰肢柔软、臀部丰圆，能较好地显示出女性特有的"S"形体型。

五、腰部美

1. 腰部的形态特征

腰部是上下躯体活动的枢纽，人体借助腰部活动才能做出许多动作。它是躯干下部与腹部相对的背后、脊柱两侧，解剖学上处于第1~5腰椎范围内，但在形体美学上是指上起第12肋骨，下至骼嵴这一区域。男性表现为腰部饱满粗壮，充分体现了男性刚柔相济的魅力；女性腰肢柔软纤细，与胸部、臀部一起构成婀娜的体态（图5-12、图5-13）。

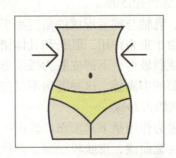
图5-12 女性的腰部线条

图5-13 腰部的美主要体现在上下呈圆滑的曲线

2. 腰部的形态审美评级

腰部的形态审美主要体现在两侧圆柔状的曲线，以及上起胸中下接臀部的曲线变化。国际审美委员会多次将腰围60厘米定为现代女性美的标准，一般来说，我国女性若以166厘米为标准，则腰围以64厘米为合适。身高与腰围比例的标准方式是标准腰围=身高×½−20。女性的腰应比例恰当、粗细适中、圆润、柔韧灵活，能体现一种活泼的青春之美。男性的腰应该粗壮结实，有棱角分明的腰肌。根据腰部的围径、肌肉的弹性，对腰部的美学等级评定如下。

+3级：黄峰腰，指数为31或以上，肌肉弹性好。
+2级：腰比较细，指数在28~30之间，无肌肉松弛现象。
+1级：腰比较细，指数在26~27之间，无肌肉松弛现象。
±级：腰围中等，指数在21~25之间，无肌肉松弛现象或松弛状况不明显。
−1级：腰围粗，指数在16~20之间，肌肉比较松弛。
−2级：腰粗，指数在11~15之间，肌肉松弛较严重。
−3级：腰粗大，指数在0~10之间，肌肉松弛。

3. 腰部的审美意义及作用

腰部上下均呈前后略扁的喇叭状，它圆滑地连接着胸背部和臀部。腰部的美主要体现在上下呈圆滑的曲线，以及上接肩部和胸部，下延丰满隆起的臀部的优美曲线。该曲线像数学中的单叶双曲线。躯体之所以美，是因为上腰身部有凹点，下腰部又柔和的向臀部扩张，正是这种变化，使人的曲线有了美感，而"水桶腰"则显得呆板。腰部是女性曲线美的核心，是身体线条美中最富于变化的部位，腰部的粗细直接关系着女性形体的美感，细腰是女子形体美的一大特点，饱含着柔软腰肢的动、静态曲线美，洋溢着富有青春活力的健康美和弹性美。女性的腰部从体型上看，虽然不同的时代有不同的标准，如偏肥或偏瘦，但有一原则至今不变，即女性腰臀围的比值大约是0.7。女性"三围"达到36-25-36英寸的所谓"魔鬼身材"，曾让无数男性倾倒，也是女性刻意追求美丽的目标之一。从正面看腰部明显比胯部窄，形成胸大腰细胯部大的造型，而从侧面看它与胸、臀、腿一同构成了一组光滑的"S"形曲线，这条弧形曲线通过腰部的柔滑流转，形成动人的节奏和韵味。从而使女性身材显得优美动人、凹凸有致。

六、腹部美

1. 腹部的形态特征

腹部位于躯干正面的下部，上起剑突及肋弓，下至耻骨联合，两侧为腋中线。男性的腹部皮下脂肪少，显示出肌肉的力度与强悍；女性腹部皮下脂肪厚，显得光滑、浑圆而微隆。脐位于全腹正中，是分割人体全长的黄金点，并蕴藏着重要的审美价值，它的形态美是腹部美的灵魂（图5-14、图5-15）。

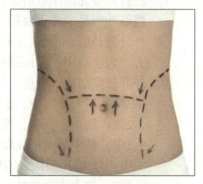

图5-14　女性的腹部线条

图5-15　脐是分割人体全长的黄金点

2. 腹部的形态审美评级

① 标准的腹部应是柔软而有弹性，皮肤无色素沉着、无脂肪堆积及松弛下垂现象。根据看侧身外形是否肥胖，所产生的鼓凸下垂、松垮的皮肉，以及皮肤萎缩有斑点等情况，对腹部的美学等级评定如下。

+3级：腹部平整，皮肤坚挺。
+2级：腹部轻微外凸或内凹，皮肤有弹性或坚挺。
+1级：腹部稍向外凸或凹陷，皮肤弹性一般，不坚挺。
±级：腹部内凹或外凸比较明显，皮肤稍软。
-1级：腹部比较鼓凸或凹陷明显，皮肤松弛，有的有妊娠纹
-2级：腹部鼓凸明显，皮肤松弛或下塌，有皮肤下垂或妊娠纹等现象。

② 肚脐是婴儿出生后脐带脱落留下的痕迹，在此之后已没有什么生理意义，但对保持腹部外形是非常重要的。它形成腹正中的凹陷并有助于保持腹部的形态。脐的形态可分为凸脐、平脐、凹脐及深凹脐，从大多数人的观点看，深而圆的肚脐最有吸引力，大小适中、深而圆的肚脐是健康富贵的象征。根据脐的大小、内部鼓突结构、外部鼓突结构等特点，对脐的美学等级评级如下。

+3级：脐大小适中，呈圆形，偶尔有轻微的斜度。
+2级：脐小，圆形，没有内外鼓突。
+1级：脐中等大小或较小，椭圆形，没有内外鼓突。
±级：脐大小适中，有内侧鼓突结构，没有外鼓突。
-1级：脐大，内侧鼓突结构较明显，外鼓突不明显。
-2级：外鼓突较小。
-3级：外鼓突很大。

3. 腹部的审美意义及作用

随着露脐装、低腰裤的流行，以往从来不被重视的腹部和肚脐，却成了继面部美容后，女性热衷的美容新趋势。腹部优美的对比曲线，平坦或微凸，从正面看肚脐两边两个对称的凹陷，与肚脐的凹陷共同将腹部分成两个部分，从侧面看，腹部是微凸的曲线，从剑突至肚脐眼形成一个凸面体，下腹部从肚脐眼至耻骨联合处形成一个略大的凸面体，使整个躯干曲线柔和，圆润优美。在不同的时代，腹部美学的标准有所不同。大多数西方男性都特别推崇维纳斯，但对于西方妇女来说，她的臀部过于肥大了一点，中世纪，美学观点倾向于已婚妇女，这可以在佛罗伦萨的壁画上找到很多实例，现代女性受时髦杂志的影响，喜欢消瘦而平坦的腹部，平坦的腹部固然令人满意，但精致的凸面体更能令人神往。对于不同的人种、地理环境和社会环境，理想的腹部美学观点略有差异，但下面几点是共同的，即腹部有疤痕、多余皮肤和脂肪下垂、腰部不匀称是丑的。

七、臀部美

1. 臀部的形态特征

臀部是腰与腿的结合部。其骨架是由两个髋骨和骶骨组成的骨盆，外面附着有肥厚

宽大的臀大肌、臀中肌和臀小肌以及相对体积较小的梨状肌。臀的形态向后倾，其上缘为髂嵴，下界为臀沟。骨盆的特点和附属的肌肉决定了臀部的外形及其性别特征。人体直立时，整个臀部呈方形，向后倾，如同一只倒置的蝴蝶，两侧臀窝显著。男女两性的臀部形态是有区别的，女性臀部形态浑圆丰厚，两髂后上嵴交角为90度，圆滑、丰泽、上翘且富有弹性的臀部，显示出女性流畅的曲线和阴柔之美；男性臀部较小，呈正方形，棱角突出，臀窝更明显，两髂后上嵴交角为60度，以丰满、鼓胀、富有弹性和立体感的肌群，显示出男性强健的力感和阳刚之气（图5-16、图5-17）。

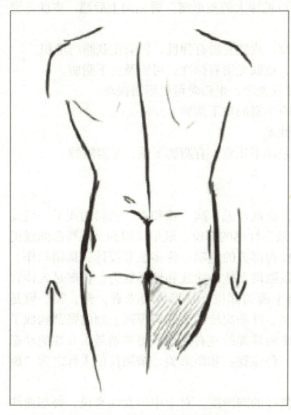

图5-16 男性的臀部线条

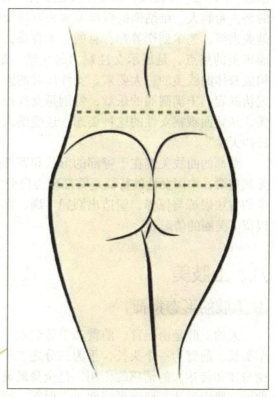

图5-17 女性的臀部线条

2. 臀部的形态审美评级

美臀的标准是丰润圆翘、球形上收。具体说，健美的臀部应该中等偏大，圆滑、丰泽、富有弹性而且上翘，曲线柔和流畅，皮下无过多的脂肪，从造型上看，完整、优美、神奇。站立时，由于覆盖在骶部的肌肉比其它部位薄而紧，会形成菱形窝，年轻而丰满的女性，菱形窝大而深，就像面颊的笑靥一样美丽动人，被美学家称为人体背面的五官。臀部的形态主要与脂肪的堆积情况和臀部的后翘情况有关，按臀部脂肪堆积情况，可将臀部分为标准型、桶腰型、马裤型和后伸型。臀部的美学等级评定如下。

+3级：臀部中等偏大，丰满，呈圆形，可见深大的菱形窝。臀稍向上后翘。皮肤光滑而富有弹性，皮下无过多的脂肪组织。

+2级：臀部中等大，很圆滑，可见菱形窝。皮肤光滑有弹性，没有皮肤脂肪堆积。

+1级：臀部较大，圆形，菱形窝不明显，皮肤光滑有弹性，可扪及皮下脂肪。

±级：臀部中等偏小，圆形，不规则；皮肤光滑，走路时可见脂肪振动。

−1级：臀部小而扁平，或大而不规则，有丰富的皮下脂肪。

−2级：臀部很小，平塌；皮肤光滑，弹性差。

−3级：臀部很大，呈正方形；突出部分色泽不正常，有脂肪下垂，显得臃肿。

3. 臀部的审美意义及作用

人体最优美的线条是腰身到臀部的曲线。也就是说，胸、腰和臀，共同构成了一组波浪起伏的"S"形曲线，这组曲线是女性人体最为性感的部位。最早认识到女性臀部曲线美的是古希腊人，维纳斯的臀部美成为赞颂女性臀部美的绝唱。许多服装设计、舞蹈动作、健美表演、艺术创作等都有意的夸大臀部，以强调女性的曲线和性感魅力。臀部是人体背面审美的焦点，是展示女性魅力最生动、最丰满的部位。从形体美来看，胸、腰、臀是构成身体曲线美的三大要素。女性高耸的胸部、纤细宛转的腰肢与浑圆上翘的臀部构成了起伏跌宕、丰满圆润的乐章，特别是女性行走时臀部的左右摇摆，更是增强了女性的动态美，从背面观察女性的这种姿态，还能给人一种朦胧美和距离美，被阿拉伯人称之为"旋转的天堂"。

臀部的曲线关键在于臀部的形状和臀部弧线的圆滑度。对于中国女性来说，臀部曲线尤其重要，中国女性的特征是臀部较为扁平，"S"形的曲线不够明显。因此，通过一定科学的方法锻炼与保养，塑造出圆翘丰满、富有弹性的臀部不仅能使形体更富魅力，而且可以留下美丽的倩影。

八、上肢美

1. 上肢的形态特征

人的上肢是由上臂、前臂和手等组成，标准的上肢为三个头长，其中上臂为三分之四个头长，前臂为一个头长，手为三分之二个头长。上肢是进行各种劳作的肢体，还起着平衡身体和传达人的情感的作用，是全身最灵活多变的部分。男性上肢粗长，肩部、臂部、前臂部肌肉发达，肌肉界线明显；肘部、腕部骨性标志和肌腱明显。女性上肢细短，皮下脂肪比男性相对较多，肌肉不发达，界线不明显（图5-18、图5-19）。

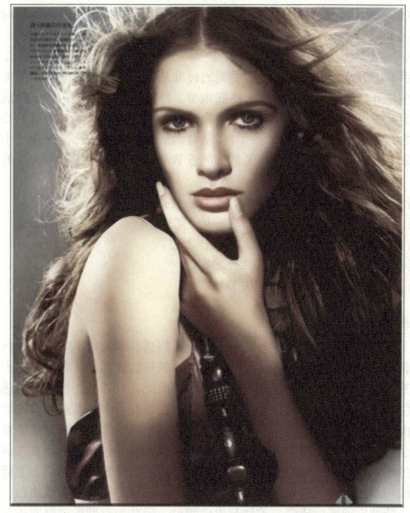

图5-18　上肢美主要表现在上臂和手两个部位

2. 上肢的形态审美评级

上肢美主要表现在上臂和手两个部位。肌肉的弹性程度对上臂的外形美影响最大，臂部前肌群的形态是衡量和评价臂部外形美的条件。修长是手之美最直观的体现，也是手美决定性的因素，中国女性手美的标准是丰满红润、修长流畅、细嫩光洁。

（1）臂

基本上可以分为上臂、肘、前臂三部分。从人体

图5-19　手被比喻为人的第二张脸

美协调对称的原则上看，直伸型的臂最为符合美臂的标准。根据臂部（上臂和前臂）伸展时的形态特征，可分为欠伸型、直伸型和过伸型。

① 欠伸型表现为伸展不足，当两臂（掌侧向上）用力向左右水平伸展时，上臂与前臂不在同一直线上，前臂稍向上曲。

② 直伸型两臂（掌侧向上）用力向左右水平方向伸展时，上臂与前臂在同一直线上。

③ 过伸型表现为伸展过度，两臂（掌侧向上）用力向左右水平方向伸展时，上臂与前臂不在同一直线上，前臂稍向下曲。

（2）手

可分为手掌、手背、手指三部分。手美的标准从外观看手指纤细，手指尖削，指甲大而薄圆、干净整齐，静脉血管不明显，皮肤嫩滑、细腻、无斑点等；从正面观察手掌并拢时长宽之比为4∶3，手指充分展开时长度与宽度相等，手掌的长度与中指的长度之比也是4∶3，手掌的宽度与中指长度之比为1∶1。从背面观察，中指最长，拇指与小指等长。拇指的近节和末节分别与食指、中指和无名指的近节和中节的长度相等。美手的各指比例长度如下。

① 拇指：与小指等长或稍长，伸直状态时达食指近节的近侧三分之一。

② 食指：其尖端达中指末节的二分之一处。

③ 中指：为掌长的五分之四或掌宽的八分之七。

④ 环指：其尖端略过中指末节的二分之一处。

⑤ 小指：其远端达环指远侧指间关节处。

3. 上肢的审美意义及作用

动态的人体美通过人体各种姿态的展示，让人们感受到人的本质力量。修长柔软的双臂特征本身就充满着一种动感，同时双臂也是人体最灵活的部位，它可以自由舒展、随意举沉，而且笼罩全身，带动整个身体都旋转起来。因此，双臂是女性美最敏感、最灵活、最生动的部位之一，成为人体动态美的最佳载体。在动态当中常常造成女性的仪态万方、风度翩翩。由于双臂是经常使用、经常摆动，动态感最强的部位，因而从性意识来说，最容易吸引男性的目光。和肩部美一样，上肢美也是最容易通过健美活动来实现的部位。双臂的过长、过短、过粗、过细都会影响女性的整体美。女性臂部和腕部、上臂和前臂的比例关系、皮肤和颜色、弹性感和光洁度成为女性魅力的重要构成。女性洁白、细嫩如莲藕的双臂圆润、纤细、细腻、洁白、柔软与男性刚健、强壮的双臂形成鲜明的对比，与身体整体的曲线美互相呼应，充分体现女性的柔软美、丰润美和线条美。断臂维纳斯使许多人为之感到遗憾和叹息，但也有许多人凭借想象力为维纳斯安上了双臂，断臂维纳斯所引起的争论和不同的审美想象恰恰说明上肢美对于女性美来说是至关重要。

手是除了面孔之外，人体最频繁外露的部分，也是人们最经常使用，动态感最强的部位。因此，手和动态美密不可分，手是视觉美和触觉美关系最为密切、互相渗透的部位。人们对于手美一般并不单纯的刻意追求，而是注重双手在其使用当中自然产生的和谐美感，一双美手展示给人的不仅仅是视觉上的愉悦，而且更重要的是显示自己灵慧的内心，使人的内在美与外在美相得益彰、完美地统一在手上，我们常说的"心灵手巧"也就是这个意识。因此，从某种意义上说，手对于整个人体的美具有决定性的意义。

九、下肢美

1. 下肢的形态特征

人的下肢是腿，由大腿、小腿和足等组成，整体长度是身高的一半以上，小腿是大腿长度的四分之三以上。下肢由于支撑着人体重量、参与运动，骨骼和肌肉发达，皮下脂肪丰富，显得很粗壮，是人体中除了躯干部分之外占最大重量和最大体积的部分。运动中通过移动下肢，可体现下肢的协调共济美。男性的腿以健壮、结实、肌肉显著为美，女性的腿以白皙丰满、细腻而富有弹性为美。男性足部宽大而厚壮，足趾粗而方，女性足部狭小而薄，足趾细长（图5-20、图5-21）。

图5-20 美丽的双腿曲线是美女身上最为重要、不可或缺的美

图5-21 美足首先着眼的便是其优美的外型

2. 下肢的形态审美评级

标准的腿骨骼正直、外形圆润，无松弛肌肉和皮肤，粗细适当，皮肤有弹性，膝盖外形圆润，骨骼纤细。双腿并拢时，双腿间只有四点接触，即大腿中部、膝关节、小腿肚和脚跟，无"O"型和"X"型现象。这样的双腿所形成的既有接触又有间隙的姿态，加上发育良好、皮肤光洁、精致且大小适中的双足，才能构成丰隆有致，健康明朗的下肢美。

（1）大腿

可分为正常腿、长腿、短腿、粗腿和细腿五种。根据大腿围长、皮下组织情况和皮肤弹性，对大腿的美学等级评定如下。

+3级：粗细适中，线条优美，围长中等或偏上，皮肤弹性好，无脂肪堆积。

+2级：粗细适中，围长中等，皮肤弹性好，无脂肪堆积。

+1级：围长中等，皮肤弹性好，触摸时脂肪不明显。

±级：围长中等，皮肤弹性尚可，运动时可见脂肪。

-1级：大腿粗，在任何情况下都可见脂肪，皮肤弹性差。

-2级：大腿粗或干瘦，有明显脂肪。

-3级：大腿粗，臃肿，脂肪多，皮肤弹性差。

（2）小腿

可分为球状型、短梭型、长梭型和臃肿型四种。根据小腿指数（小腿长度乘以100再除以身高）、小腿肚围长、腿肚外形和膝盖弯到踝骨的空间（两腿并拢时），对小腿的美学等级评定如下。

+3级：小腿指数在26或以上，腿肚鼓突适中，呈纺锤形，两腿并拢时空隙小于1厘米。

+2级：小腿指数最低为23.5，腿肚鼓突适中，基本呈纺锤形，两腿并拢时空隙不超过2厘米。

+1级：小腿指数在22~23.9之间，腿肚圆润，两腿并拢时空隙不超过3厘米。

±级：小腿指数在22，腿肚较小，两腿并拢时空隙在3厘米左右，或腿肚很圆，空隙小于2厘米。

-1级：小腿指数在20~22之间，腿肚瘦削，两腿并拢时空隙在4厘米以上，或腿肚很大，空隙小于3厘米。

-2级：小腿指数在20~22之间，腿肚几乎无隆起，两腿并拢时空隙在3厘米以上。

-3级：小腿指数低于22，腿肚很大且厚，两腿并拢时无空隙。

（3）美足

应是长宽比例适中，前足以二趾稍长或与拇趾等长为美，足弓不宜过高，皮肤有弹性，功能健全。

① 根据足背的形态可将足分为正常足、扁平足和高弓足。

正常足：足弓的高度在正常范围内，足底印迹检查可见其最窄处的宽与相应的足印空白外的宽度比为1:2。

扁平足：足弓高度低于正常范围，足底印迹检查可见最窄处的宽度增大，与相应的足印空白处的宽度比为（1~2）:1或更大。

高弓足：足弓高度超过正常范围，足印最窄处的宽度很小或为零。

② 根据人站立时踝与足的表现形态可将足分为中立位、内旋位和外旋位。

中立位：人正常站立时，两踝相接触，两足能自然并拢。

内旋位：人站立时两膝不能接触，两足尖相接触，呈内八字。

外旋位：人站立时两膝和两踝均能接触，两足后跟相接触，呈外八字。

3. 下肢的审美意义及作用

无论在着装还是在裸露的情况下，下肢对于女性整体美的身材、轮廓、曲线等都很重要。由外观、轮廓、曲线、皮肤所形成的女性标准下肢不仅使双腿本身有很高的审美价值，而且使女性的整个体型显得修长、苗条、挺拔，也对女性的动态和气质风度有很大影响。腿是性感特征最为显著的部位之一，女性最美妙的曲线体现在双腿上，俗话说："美不美，看双腿"，一双修长的腿，是女人性感的根基，是成熟女性的柔媚，更是现代女性值得自豪和自信的资本。

"千里之行，始于足下"强调了足的起始作用和基础性地位。足不仅本身具有很高的审美价值，而且具有突出的性别美特征。女性双脚所形成的神奇而美妙的曲线是魅力的重要因素。模特双脚踩出的"猫步"所形成的优雅步态美令人赞叹不已，舞蹈艺术是女性步态美最易窥见的动态美，中国在清末之前欣赏的是女性的小脚之美，所谓"三寸金莲"指的便是小脚的病态美，这种违背人性的美在今天自然不能作为审美的标准。现代审美观强调女性双足的自然美，主要包括脚尖小而窄，脚趾发育正常良好，无脚病、皮肤洁白、润滑，曲线自然起伏。

第三节 人体体型美

人体美的范畴是自然美的最高表现形态。体型是指身体的外形特征和体格的类型，包括姿势、姿态、左右差、弯曲度等共同构成人体的形状。虽然每一个人的基本形态结构相同，但受骨骼、肌肉、脂肪等发育状况的影响，造成了个体外部轮廓形态的差异。人的体型美是通过观赏者的视觉去感知的，在观赏者的视觉感知过程中，视觉捕捉到的感觉完全不同于触觉感受到的气质判定，体型质感是用视觉判断脂肪的软硬度，量感是一种与实际数量无关的主观感觉。所以具有高层次的审美意识。

一、体型的分类与标准

1. 体型的分类

（1）一般分类法

是多数学者公认的方法，他们主张以脂肪积累程度和肌肉发育情况作为划分依据，将体型分为瘦长型、肥胖型和中间型。

① 瘦长型：身材瘦长、体重较轻、骨骼细长，皮下脂肪少而薄、皮肤弹性差、易出现皱纹，肌肉不发达，头部小、面部瘦而窄、呈卵圆形、鼻尖细、颈细长，肩圆、宽度小，胸廓狭长、扁平、胸围小，肋弓下角为锐角，腹部短、扁平，四肢细长，手和足狭长，骨盆扁薄、显露清晰。

② 肥胖型：身材矮胖、体重较重，骨骼粗壮，皮下脂肪组织厚、皮肤光滑，肌肉发达，头部较大、面部较阔、颈部粗短、肩宽度大，胸部短宽而深厚、胸围大，腹部长、丰满膨隆，四肢粗壮、较短，骨盆圆滑、髂嵴不明显。

③ 中间型：骨骼粗细适中，肌肉发达，皮下脂肪适量，身材匀称，外形各部分比例恰好，介于瘦长型和肥胖型之间。

（2）身高体重系数分类法

是根据人体的身高体重对体型进行分类，公式为身高体重系数=体重（g）/身高（cm），是一种比较科学的分类方法，根据其值的大小，可将人体分成正力体型、超力体型和无力体型。

① 正力体型：体格匀称，骨骼粗细中等，胸腹长度中等，身高体重系数男性约为360，女性约为350。

② 超力体型：身材较矮，四肢较短，颈粗，肩宽，胸廓宽，皮下脂肪多，身高体重系数男性多超过450，女性也在420以上。

③ 无力体型：身材细高，四肢修长，颈细，胸廓狭长、扁平，身高体重系数男女均低于300。

（3）胸腰差数分类法

此法主要是服装规格（服装号型）所表示的方法，一般选用人体的高度（身高）、围度（胸围、腰围或臀围）再加体型类别来表示服装规格，是服装设计师和形象设计师为设计对象设计、制作服装时确定尺寸大小的参考依据。主要是根据人体的胸围与腰围的差数为依据来划分体型，并将人体体型分为四类。体型分类代号分别为Y、A、B、C。号型的表示方法为号与型之间用斜线分开，后接体型分类代号。例如：上装160/84A，其中160为身高，代表号，84为胸围，代表型，A为体型分类；下装160/68A，其中160为身高，代表号，68为腰围，代表型，A为体型分类。

① Y型：男性体型的胸腰差数为22~17，女性体型的胸腰差数为24~19。

② A型：男性体型的胸腰差数为16~12，女性体型的胸腰差数为18~14。

③ B型：男性体型的胸腰差数为11~7，女性体型的胸腰差数为13~9。

④ C型：男性体型的胸腰差数为6~2，女性体型的胸腰差数为8~4。

2. 体型标准

人体体型健美，是指健、力、美的有机结合。从自然美的角度来看，主要指协调、丰满，有生机、有力量；从造型美的角度来看，应该是匀称、均衡、稳定、统一。只有同时具备容貌美、形体美和气质美，并把体型美同仪表美、行为美、心灵美统一起来的人，才能算是真正的美。统一的体型健美标准是不存在的。任何体型健美标准，都只是一种相对的参照。综汇古今中外对人体体型健美的共识，总结现代人体体型健美的标准如下。

① 骨骼发育正常，关节不显得粗大凸出，身体各部分之间的比例适度，呈匀称感。

② 男子肌肉均衡发达，四肢肌肉收紧时，其肌肉轮廓清晰；女子体态丰满而无肥胖臃肿感，男女皮下脂肪适度。

③ 五官端正，自然分布于面部，并与头部的比例配合协调。女子应眼大眸明，牙洁整齐，鼻子挺直，脖颈修长；男子应面孔轮廓清晰分明，五官和谐，眼睛有神。

④ 双肩对称，男子应结实、挺拔、宽厚；女子应丰满圆润，微呈下削，无耸肩或垂肩之感。

⑤ 脊柱背视成直线，侧视具有正常的生理曲线。肩胛骨无翼状隆起和上翻之感。

⑥ 男子胸廓宽阔厚实，胸肌隆鼓，背视腰以上躯干呈"V"形（胸宽腰窄），给人以健壮和魁梧之感。女子乳房丰满挺拔，有弹性而不下坠。侧视有女性特有的曲线美感。男女都无含胸驼背之态。

⑦ 女子腰细有力，微呈圆柱形，腹部扁平，无明显脂肪堆积，具有合适的腰围；男子在处于放松状态时，仍有腹肌垒块隐现。

⑧ 男子臀部鼓实，稍上翘；女子臀部圆满，不下坠。

⑨ 男子下肢强壮，双腿矫健；女子下肢修长，线条柔和。男女小腿长而腓肠肌位置较

高并稍突出，足弓高，两腿并拢时正视和侧视均无屈曲感。
⑩ 整体看无粗糙、虚胖、瘦弱、纤细、歪斜、畸形、重心不稳、比例失调等形态异常现象。

综合以上标准，女子应突出丰满圆润、曲线美的特征；男子应显示体格魁梧、肌肉壮实的健美。以上标准是"十全十美"的人体体型。人体的骨骼、肌肉、脂肪、皮肤、五官生长得是否符合人体体型健美的条件，先天遗传因素有很大的关系，但后天人工塑造和施加的影响，在很大程度上能发展先天的优点，克服和弥补先天的不足，使之接近和达到人体体型健美的条件。

二、黄金律与人体美

任何美的事物都是首先通过形式美来表现其"美"而给人以愉悦感的，但是很少有什么事物的美符合所有的形式美法则，只有人体美才天然地聚集各种形式美法则于一身，诸如对称、匀称、均衡、整体性、节奏、主从、和谐、对照、黄金律和多样统一等形式美法则无不全方位地反映于人体之上。从数学角度而言，人的形体构造不仅符合物理力学法则，而且还暗合了数学的美学法则。虽然说人体美学观察受到种族、社会、个人各方面因素的影响，牵涉到形体与精神、局部与整体的辨证统一，但是，在数学的美学分析中，只有整体的和谐、比例的协调，才能称得上是一种完整的美。

1. 数的和谐

人类很早就对数的美有深刻的认识。其中，公元前六世纪盛行于古希腊的毕达哥拉斯学派见解较为深刻。他们提出了"万物皆数"的重要观点。认为"和谐能够产生美感的效果，和谐是由一定数字的比例关系中派生出来的。"

中国古代思想家们也有类似的观点。道家的老子和周易《系辞传》，都曾尝试以数学解释宇宙生成，后来又衍为周易象数派。这种从数的和谐看出美的思想，深深地影响了后世的中国美学。

2. 黄金律

黄金律历来被渲染上瑰丽诡秘的色彩，被人们称为"天然合理"的最美妙的形式比例。黄金分割律其实是一个数字的比例关系，即把一条线分为两部分，此时长段与短段之比恰恰等于整条线与长段之比，其数值比为1.618：1或1：0.618，也就是说长段的平方等于全长与短段的乘积。公元前4世纪，古希腊数学家欧多克索斯第一个系统研究了黄金分割律，并建立起比例理论。黄金分割率以严格的比例性、艺术性与和谐性，蕴藏着丰富的美学价值。在人体绘画、美术、雕塑等艺术作品中，都以这一比例为标准，使作品中的人体更富美感。如被誉为世界艺术珍品的断臂女神维纳斯，整个形体以肚脐为界，上下高度比值恰为0.618，达·芬奇、米开朗基罗等艺术家，更是根据这一标准创造了无数不朽的艺术形象。黄金律不仅是人体绘画、美术、雕塑等艺术的构图原则，也是自然事物的最佳状态。中世纪意大利数学家弗波纳齐发现，许多植物叶片、花瓣以及松果壳瓣，从小到大的序列是以0.618：1的近似值排列的，动物身上的色彩图案也大体符合黄金比。

3. 人体美学中的黄金分割

人类最熟悉自己，势必将人体美作为最高的审美标准，由物及人，由人及物，推而广之，凡是与人体相似的物体就喜欢它，就觉得美。于是黄金分割律作为一种重要形式美法则，成为世代相传的审美经典规律，至今不衰！人体结构中有许多比例关系接近0.618，近年来，学者们在研究黄金分割与人体关系时，发现了在健美人的容貌和形体结构中有许多与黄金分割相关的点、矩形、指数和三角形，这里只列出人物形象设计中常用到的几个点、矩形、指数和三角形（图5-22、图5-23）。

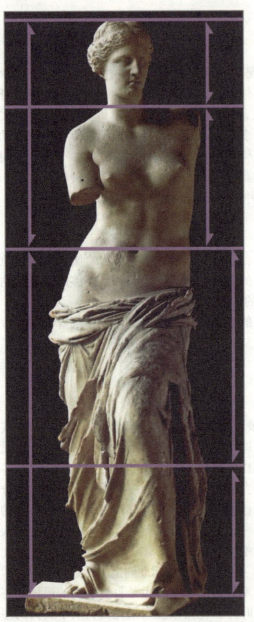

图5-23 健美的容貌和形体结构中符合黄金律

图5-22 人体结构中有许多比例关系接近0.618

（1）人体黄金点

所谓黄金点是指一线段的短段与长段之比值为0.618或与该值近似的分割点。

① 肚脐：头顶至足底的分割点（上短下长）。
② 喉结：头顶至肚脐的分割点（上短下长）。
③ 左右膝关节：肚脐至足底的分割点（上短下短）。
④ 左右肘关节：肩关节至中指尖的分割点（上短下长）。
⑤ 左右乳头：锁骨过乳头垂直线至腹股沟的分割点（上短下长）。
⑥ 眉间点：发际至颏底间距上1/3与中、下2/3的分割点。
⑦ 鼻下点：发际至颏底间距下1/3与上、中2/3的分割点。
⑧ 唇珠点：鼻底至颏底间距上1/3与中、下2/3的分割点。
⑨ 左右口角点：口裂水平线的左（右）侧1/3与对侧2/3的分割点。
⑩ 颏唇沟正中点：鼻底至颏底间距下1/3与上、中2/3的分割点。

（2）人体黄金矩形

人体上存在的长方形，其宽与长的比值等于或接近于0.618的黄金矩形。

① 躯体轮廓：肩宽与臀宽的平均数为宽，肩峰至臀底的高度为长。
② 头部轮廓：两侧颧弓突出点为宽，颅顶至颏底的间距为长。
③ 面部轮廓：眼水平线的面宽为宽，发际至颏底的间距为长。
④ 鼻部轮廓：鼻翼为宽，鼻根至鼻底间距为长。
⑤ 唇部轮廓：静止状态时上下唇峰间距为宽，口角间距为长。
⑥ 手部轮廓：手的横径为宽，五指并拢时取平均数为长。

（3）人体黄金指数

人体两器官间比例关系为0.618或接近近似值。

① 目面指数：两眼外眦间距与眼水平线的面宽之比。
② 唇目指数：口角间距宽度与两眼外眦间距之比。
③ 鼻唇指数：鼻翼宽度与口角间距宽度之比。
④ 上下唇指数：面部中线的上下唇红高度之比。
⑤ 四肢指数：上肢长（肩峰至中指尖）与下肢长（髂嵴至足底）之比。

（4）人体黄金三角

在人体上，三角形腰与底的比值等于或接近于0.618的等腰三角形，其内角分别是36度、72度、72度。

① 鼻正面观和侧面观都是黄金三角。
② 鼻根点与两口角点组成的是黄金三角。
③ 两肩端点与头顶中央组成的是黄金三角。

4. 黄金律在形象设计中的应用

黄金分割被人确认为美的比例关系，是长期的历史实践和文化积淀的结果，也与人的生理特征——眼睛横向生长有关。根据视觉生理学的研究成果证明，黄金律与人的视觉比例（1∶1.62）最接近，所以符合黄金分割的比例形式最容易引起人视觉上的美感。因此，黄金律对形象设计中的比例设计具有重要的审美意义，特别是在形象设计实践中有重要的指导作用。

一般来说，凡是符合黄金分割律比例的容貌和形体就是美的，但人体美是受诸多因素共同影响的结果，所以不能把黄金分割律这种比例关系绝对化。如果生搬硬套地把这种匀称的比例关系用到形象设计中去，进而违反其它的形式美规律，就会适得其反。人体美的原则是匀称、和谐，即人体各部分的比例恰当。我们要衡量一个人的形体美或者不美，不可能用尺子去机械地量，只要看上去身体各部分的比例恰当，基本符合比例，就应该说是美的。因为实际生活中的人，若严格按黄金律的比例要求，大多数人很难完全符合理想的人体黄金分割比例要求。不过，若人体各部位的相互比例关系达到或接近上述标准，就会显得匀称和谐，给人以美感；反之就显示出某种缺陷和不足。形象设计的目的就是运用黄金分割律以及其它美学原则，结合发型、化妆、服装服饰等技术对有缺陷的容貌和形体进行修饰或矫正缺陷。

黄金律只是许多形式美法则的其中之一，如果僵化地认为黄金律是唯一美的形式，那么千篇一律地符合黄金分割美的形象也会使人感到单调乏味，而单调乏味自然不会产生美感。有的设计对象虽然与黄金比例相差较大，但符合匀称、均衡、和谐等多数形式美法则，同样给人以整体美感。黄金律同其它美学参数一样，都有一个允许变化的幅度，而且还受种族、地域、个体差异等因素的制约，如果设计对象各部位比例在标准幅度内，设计师就不宜再追求绝对的完美。人体作为自然界最完美而又最复杂的一种存在形态，黄金律只是作为标准人体或理想人体的尺度比例，形象设计的审美评价，不仅仅是符合形式美原则，还要具备身心的健康和活力。因此，黄金律在形象设计实践中，应做到灵活性与整体性相结合。

复习思考题

1. 简述皮肤的分类。
2. 简述皮肤的审美特征。
3. 简述肩部的形态审美评级。
4. 简述上肢的形态审美评级。
5. 简述下肢的形态特征。
6. 简述人体中的黄金分割。
7. 论述胸、腰、臀的审美意义及作用。
8. 为什么说整体和谐、比例协调才能称得上一种完整的美？

第六章 形象设计的整体美

学习目标：通过本章学习，使学生了解仪容美、服饰美、体态美的特征，理解整体美感的体现是由各要素的有序集合，掌握形象设计各要素在整体美中的把握和运用。

整体不是各种要素杂乱无章的偶然堆积，而是整体的各要素合乎规律的有序集合。人物形象设计的整体美包括内在美与外在美两个方面。内在美即人的精神美，指人的知识、修养、性格等内在素质；外在美指人的形貌、服饰、言谈、举止等外观表现。精神作为人物的生动气韵贯穿在形貌、服饰、言谈、举止中。它们融汇为人物的整体形象美。形象设计的整体美是人的生命活力之美，是人的生命活力美的最高境界。

第一节 仪容美

仪容，通常是指人的外观、外貌。主要是指人的容貌美、发型美和肌肤美。在社会交往中，人的仪容会引起交往对象的特别关注，并影响到对方对自己的整体评价，在个人形象上，仪容美也是整体美的重要组成部分。仪容美是与形体美、修饰美相辅相成的最重要的外观形象美之一。所谓"以貌取人"，通常会成为人们在对一个人外在美感评判和选择时的最初切入点。

一、仪容美的概念与特征

1. 仪容美的概念

仪容美是自然美、修饰美、内在美的统一。仪容的内在美是最高的境界，仪容的自然美是人们的心愿，而仪容的修饰美则是仪容美的重点。

（1）仪容自然美

自然美是指仪容的先天条件好，天生丽质，尽管以相貌取人不合情理，但先天美好的仪容相貌，无疑会令人赏心悦目，感觉愉快。

（2）仪容修饰美

修饰美是指依照规范与个人条件，对仪容进行必要的修饰，扬其长，避其短，设计、塑造出美好的个人形象，修饰仪容的基本规则是美观、整洁、卫生、得体。

（3）仪容内在美

内在美是指通过努力学习，不断提高个人的文化、艺术素养和思想、道德水准，培养出自己高雅的气质与美好的心灵，使自己秀外慧中，表里如一。

仪容美有先天的，有后天的；有硬件上的，有软件上的；有的方面可以自己改变，有的方面自己不好改变。追求完整的仪容美，自身的作用很大：先天（外貌）不足，可以后天弥补（修饰）；外在不足，可以内在弥补（加强修养）。真正意义上的仪容美，应当是上述三个方面的高度统一。忽略其中任何一个方面，都会使仪容美失之于偏颇。

2. 仪容美的特征

仪容美是貌美、发美、肌肤美，每个人的仪容是天生的，长相如何不是至关重要，关键是心灵的问题。美好的仪容一定能让人感觉到其五官构成彼此和谐并富于表情；发质发型使其英俊潇洒、容光焕发；肌肤健美使其充满生命的活力，给人以健康自然、鲜明和谐、富有个性的深刻印象。

二、仪容美的修饰

仪容美的修饰包括头型、面型的改善、发式的造型和美容化妆等。头发处在人最显著的部位，除了保持头发整洁以外，发式的造型十分重要。一个好的发型，能弥补头型、脸型的某些缺陷，使人显得神采奕奕，生机勃勃，体现出内在的艺术修养和良好的精神状态。美容化妆是生活中的一门艺术，不同行业、不同层面的人，应有不同的化妆风格。

1. 头型美

头型是处在圆球体和立方体之间，从整体上可以概括成一个圆球或立方体之间的复合体。其形状受枕骨的影响最大，而额骨、顶骨、颞骨对头型的影响次之。软组织与头发对头型也有一定的影响。头型与遗传有关，也与婴儿时使用枕头的质地有关。

在形象设计中，头型是设计师特别关注的部位，它直接影响着发型的设计。头型的形态从地缘上看，在欧亚大陆，生活在赤道附近热带地区的人头型明显偏小，在寒带、温带的高纬度地区的人头大、头型较圆，脸部比较平。头型的分类方法主要有形态观察法和指数分型法两种。形态观察方法将头型分为七种，即球形、椭圆形、卵圆形、楔形、五角形、菱形、盾形等。头的指数分型法是根据头的最大长和最大宽两种测量数值组成头指数（头指数=头最大宽÷头最大长×100），将头型分为长头型、中头型、圆头型和特圆头型。目前，国际上经常采用的是马丁氏分型法和斯蒂华脱氏分型法，前者是根据头指数将头型分为长头型、中头型、圆头型和超圆头型四种，后者与前者的差别是多列了一个超长头型。在现实生活中，人类的头型其实也没有这么大的差异，原因有二，一是由于发式的造型，弥补了头型

图6-1 理想的头型是形象审美的汇集处

的显著差异，二是面部表情成了头部的主角，使观察者只记住了它们要表达的思想。

理想的头型不仅是人类理想形象的重要组成部分，而且也是形象审美的汇集处（图6-1）。维纳斯的造型之所以是至今为世人叹为观止的艺术精品，就在于其头型、面部、躯干无一不是按照标准黄金律制造出来的，维纳斯头部的黄金点、黄金带、黄金三角等等完美无缺。美国心理学家研究发现，婴儿在三到五周大时，只有22%的时间在看注视者的脸部，看脸时，婴儿大部分是注意脸庞的轮廓，而不注意脸上的具体特征（具体的长相、额头、面部、头发、五官位置、眼睛的颜色等等）。这就是说，头部、面庞才是人们被注视的第一目标，在选美时，评委似乎也不太注意头发的漂亮与否，更多的倒是注意头型。

2. 面型美

面型是指面部轮廓的形态，是容貌美的基础。面型的上半部由上颌骨、颧骨、颞骨、额骨和顶骨构成的圆弧形结构，下半部则取决于下颌骨的形态。这些都是影响面型的重要因素，而颌骨在整个面型中起着尤其重要的作用，是决定面型的基础结构。一个比例协调、线条柔和、轮廓清晰的面型，再配上符合标准的五官，就构成了一个自然美的容貌。面型美在形象设计美学上占有重要的位置，就美学观点而言，一个人从头到脚都有美与丑的问题，但摆在首位的要算面型了（图6-2）。我们公认为美的瓜子脸、蛋形脸其实就是面型，也称脸型。

人的面型多种多样，其分类方法也很多。在我国古代的绘画理论和面相书中就有各种各样的分类法，并对脸型赋予了人格的内容。目前有形态分类法、字形分类法、指数分类法等。

图6-2 面型是一个人美貌中最基础的部位

（1）形态分类法

波契通过对面型的观察将人类的面型分为十种类型，分别是椭圆形脸、卵圆形脸、倒卵圆形脸、圆形脸、方形脸、长方形脸、菱形脸、梯形脸、倒梯形脸和五角形脸。

① 椭圆形脸的特征是脸呈椭圆，额部比颊部略宽，颏部圆润适中，骨骼结构匀称。总体印象是脸型轮廓线条自然柔和，给人以文静、温柔、秀气的感觉，是东方女性的理想脸型。此种脸型也最受形象设计师和化妆师的青睐。

② 卵圆形脸的特征是额部较宽、圆钝，颊部较窄、带圆，颧颊饱满，面型轮廓不明显，比例较协调，此种面型使女性不失美感。

③ 倒卵圆形脸的特征是和卵圆形脸相反，额头稍小，下颌圆钝较大，此面型不显秀气灵性，但显文静、老成。

④ 圆形脸的特征是上下颌骨较短，面颊圆而饱满，下颌下缘圆钝，五官较集中。总体印象是长宽比例接近1，轮廓由圆线条组成，给人温顺柔和的感觉，此种脸型年轻人或肥胖人多见。

第六章 形象设计的整体美

⑤ 方形脸的特征是脸的长度和宽度相近，前额较宽，下颌角方正，面部短阔。总体印象是脸型轮廓线较平直，呈四方形，给人以刚强坚毅的感觉。多见于男性。

⑥ 长方形脸的特征是额骨有棱角，上颌骨长，外鼻也长，下颌角方正。总体印象是脸的轮廓线长度有余，而宽度不足。多见于身高体壮、膀大腰圆的人。

⑦ 菱形脸的特征是面颊清瘦，额线范围小，颧骨凸出，尖下颏。上下有收拢趋势，呈枣核型。总体印象是脸的轮廓线中央宽，上下窄，有立体线条感，多见于身体瘦弱者。

⑧ 梯形脸的特征是额部窄，下颌骨宽，颊角窄，两眼距离较近。总体印象是脸型轮廓线下宽上窄。显得安静、呆板。

⑨ 倒梯形脸的特征是额宽，上颌骨窄，颧骨高，尖下颏，双眼距离较远。总体印象是脸型轮廓线上宽下尖，显得机敏，但清高、冷淡。

⑩ 五角形脸的特征是轮廓突出，尤其是下颌骨发育良好，下倾角外展，颏部突出，常见于咬肌发达的男性。

（2）字形分类法

这是中国人根据面型和汉字的相似之处对面型的一种分类方法，通常分为田字形脸、国字形脸、由字形脸、用字形脸、目字形脸、甲字形脸、风字形脸和申字形脸等八种。

（3）指数分类法

采用形态面高和宽两种测量值，组成形态面指数，根据指数的大小把面型分为超阔面型、阔面型、中面型、狭面型和超狭面型等五种。

（4）亚洲人分类法

根据亚洲人脸型的特点，一般可以分为三角形脸、卵圆形脸、圆形脸、方形脸、长圆形脸、杏仁形脸、菱形脸、长方形脸等八种。

（5）正侧面轮廓线分类法

人的面型是一个立体的三维图像，从侧面对面型进行观察有助于对容貌进行全面的评价，根据人的正侧面轮廓线，可以将人的面型分为下凸形脸、中凸形脸型、上凸形脸、直线形脸、中凹形脸以及和谐形脸等六种。

在众多脸型之中，瓜子脸是最美的一种脸型。瓜子脸上部略圆，下部略尖，形似瓜子，一般又称为鹅蛋脸。理想的瓜子脸从面部中线向左右各通过虹膜外侧缘和面部外侧界作垂线，可纵向分割成四个相等的部分。瓜子脸的长与宽比例为34：21，这一比例正好符合黄金分割律。

3. 发型美

头发被誉为"人的第二张皮肤"，是人体天然的装饰品，又是可塑性、选择性和修饰性很强的部位（图6-3）。头发不仅具有单独的审美价值，而且对头部、面部、颈部、肩部以至整个体态都具有很重要的协调作用。人们常说选服装首先要考虑的是颜色。那么要塑造形象，最重要的是找一个适合的发型，所以，发型对一个人的形象很重要。发型在某种程度上也反映了一个人的文化素养、审美情趣及精神追求。花季少女的披肩长发瀑布般飞泻象征着青春飞扬的神采与清纯，中年女性的齐耳短发衬托出成熟的风韵与干练，艺术家的络腮胡须与满头长发则显示出其风流潇洒、狂放不羁的性格，而满头飘雪的银发诉说的是岁月的沧桑。发型设计的目的之一是要利用头发的色泽、质地、分布及长度，修饰头型和面部的缺陷，产生椭圆形的效果。不适当的发型则可能破坏面部的协调。

发型美是随着时代进步、社会文明和发展而产生和发展的。发型美是指通过对个体发型的修剪、整理而取得的审美效果。发型美是人对自身外在美的一种设计和加工，具有强化人外在美的重要作用。发型的设计，要适合脸型、年龄、气质、性格和职业。五官端正，再配以与脸型、气质、性格、年龄、职业相符合的发型，可以衬托外在美，并可以弥补先天外在形貌的不足，使人显得光彩照人，给人以强烈美感。修饰发型是美化自身的需要，也是热爱生活的表现。发型美可使人更加美丽，追求发型美是人的本性，是人类审美活动的需要，也是社会生活发展的需要。

在发型设计与制作中，工艺技术加艺术形式，还不等于完整的艺术美和发型美，还要有美学规律在发型艺术中的应用。发式造型的美学规律之一是发式造型中统一与变化是对立的统

图6-3 头发被誉为"人的第二张皮肤"

一，过分强调统一会使发式单调，但变化太多又容易杂乱无章。二者必须互相贯通，互相依存，在统一中求变化，在变化中求统一。具体说这一规律体现在以下几个方面。

（1）左右相称

左右鬓角、左右额角、左右两耳后侧的头发构成的纹样相称，即左右两侧头发的曲直、厚薄、长短等相当，并且左右两侧头发的曲直、厚薄、长短的构成要服从脸型、头型等。

（2）长短相形

一是指头发长度与额头的高低、头型的长短、脖颈的长短，以及身高成适当比例；二是指发式下檐轮廓的线和形同额、腮、颈的宽阔、瘦窄、凸凹相当。

（3）前后相随

一是指从前额至颈背部头发的层次或块面组合不脱节，不出现明显分界，保持自然趋势；二是指额顶、头顶、后脑和颈背部的头发厚薄均匀。

（4）上下相顾

一是指额上部头发构成的高度一般不宜超过脸总长的1/3；二是额上顶部的头发不宜采取突高突下的手法。

（5）曲直相济

一是指直中寓曲，这种发式线条以直为主，曲则为次；二是指曲中求直，这种发式线条以曲为主，直则为次。

（6）大小相成

指发式构成的块面之间比例恰如其分，以及发式轮廓大小同头型、脸型的大小同肩膀宽窄比例恰当。

（7）宾主相应

指构成发式的主要花式与陪衬纹样的关系，发式的造型与头型、脸型、体型的关系应恰当，即主体明显突出、清新悦目；宾体配合得当，不喧宾夺主，宾主彼此呼应，相得益彰。

（8）虚实相生

发型的虚实配置要巧妙，一般头发构成中的粗线为实，细线为虚；直线为实，曲线为虚；大块面为实，小块面为虚；繁为实，简为虚；聚为实，散为虚；明为实，暗为虚；强为实；弱为虚。

4. 妆型美

化妆是生活中的一门艺术，通过适度而得体的化妆，可以体现女性端庄、温柔、美丽、大方的独特气质，达到巧夺天工的效果。化妆是一种历史悠久的女性美容技术。古代人们在面部和身上涂上各种颜色和油彩，表示神的化身，以此祛魔逐邪，并显示自己的地位和存在。后来这种装扮渐渐变为具有装饰的意味，一方面在演出时需要改变面貌和装束，以表现剧中人物；另一方面是由于实用而兴起。如古代埃及人在眼睛周围涂上墨色，以使眼睛能避免直射日光的伤害；在身体上涂上香油，以保护皮肤免受日光和昆虫的侵扰等等。如今，化妆则成为满足女性追求自身美的一种手段，其主要目的是利用化妆品及艺术描绘手法来增加天然美，让人更美，充满信心，充满魅力（图6-4）。

图6-4　成功的化妆能唤起女性心理和生理上的潜在活力

化妆可分为基础化妆和重点化妆。基础化妆是指整个脸面的基础敷色，包括：清洁、滋润、收敛、打底与扑粉等，具有护肤的功用。重点化妆是指眼、睫、眉、颊、唇等器官的细部化妆，包括：涂眼影、画眼线、刷睫毛、擦胭脂与抹唇膏等。化妆修饰的方式是运用化妆品和工具，采取合乎规则的步骤和技巧，对人的面部、五官及其它部位进行渲染、描画、整理，增强立体印象，调整形色，掩饰缺陷，表现神采，从而达到美容目的。化妆能增加容颜的秀丽并呈立体感，表现出女性独有的天然丽质，焕发风韵，增添魅力。成功的化妆能唤起女性心理和生理上的潜在活力，增强自信心，使人精神焕发，还有助于消除疲劳，延缓衰老。化妆的方法有日常的一般化妆法，适应各种场合需要的特殊化妆法，以及简捷快当的速成化妆法等。

化妆修饰并不是将本来面目全部掩盖，而是要自然、大方、适度、高雅，不俗气，突出其天然形状，符合头型、脸型特点，与身份、场合协调，符合形式美及其法则；并赋予它一定个性突出的审美趋向。生活美容化妆要遵循的美学原则主要表现在以下几个方面。

（1）要表现自然美

生活美容化妆与舞台妆、戏剧妆有所不同，前者讲究化妆后的自然美，而后者化妆较浓艳。从妆型美的特点和规律来看，生活美容化妆应力求柔和协调，尽力做到细施轻匀，既有形色渲染，又富于自然气息。因此，妆型美的修饰应是让人难以看出明显的涂抹痕迹，特别是眼影、腮红等部位的涂染更要注意这一点。按照通行的审美心理来说，如果没有从事特殊的职业，出席特殊的场合，浓妆艳抹是很难让人接受的。

（2）要强调整体妆型

无论是面部皮肤，还是五官的化妆，都要与整体的形象美统一起来，使之协调一致。因此，为了整体妆型效果，有时需对某一部位做一些适应性的修饰。比如修整眉型就可以改变原来脸型给人的印象。

（3）要展现人的个性特点

每个人的脸型、眼睛、发型、肤色、容颜等基本条件，是化妆的重要参考依据。因此，化妆时要具体问题具体分析，根据每个人的不同特点，运用不同的化妆技巧进行修饰，力求反映出设计对象独特的气质与风度。切忌千篇一律，或者盲目仿效时髦的化妆方法。

（4）要突出优势、修饰平庸、弥补缺陷

世上没有十全十美的人，任何人都有或多或少、或大或小的仪容缺陷。因此，化妆要突出设计对象的优势、修饰平庸、弥补缺陷。化妆修饰提倡扬长避短、锦上添花，在扬长和避短中，重点是避短。长即便不扬，也能被人接受，如果只扬长不避短，不掩饰缺点、弥补不足，在优势的衬托下缺点就更显突出了。

（5）要注重协调、符合场合

化妆的修饰要使各个部位统一起来，形成格调、色调的整体协调，才能取得完美效果，否则，局部的妆型修饰得再精彩，整体也出不了彩。化妆的修饰要与服饰相协调，不同色调的服装往往需要不同色调的化妆，不同款式搭配的服饰也需要不同的化妆表现手法，化妆只有与服饰协调一致，才会取得整体美；化妆的修饰还需要与不同的环境、场合、社交气氛，以及不同的时间相协调、相适应，不同场合应有相衬的化妆修饰，以显示自身的教养和对他人的礼貌，这是对美好形象的诠释与定位。

（6）要遵守修饰避人的常规

化妆是一种纯个人行为，目的是带给自己和他人愉悦的视觉形象，原则上只能在家中进行。特殊情况下，需要在其它场合临时补妆，也应选择隐蔽之处。在许多国家，单身女子在饭店、舞厅、街头等公众场合当众对镜描眉、涂唇，无视他人，不仅有碍观瞻，还往往会被视作风尘女子。

第二节 服饰美

一、服饰的起源与发展

服饰泛指一切穿戴、包裹、披挂于人体的材料与物品，可分为衣服和饰物两大类。衣服包括一切蔽体的东西。饰物包括色彩、纹样、首饰配件、甚至包括发式、妆式以及穿着方式和效果等。从文化概念上讲，服饰则是指以表达人们的心理意识为特征，以具体人为对象而与人体发生了装饰关系的装饰物，就是关于人体装饰的文化。

1. 服饰的起源

服饰的起源可以追溯到远古时期，考古学家在法国尼斯附近的沙滨岩棚上发现40万年前人类曾住过的痕迹，并推测那时毛皮曾以某种形式作包裹身体用。在苏联北部冰冻的岩层中发现10万年前的皮衣裤。生活在5万到1万年前的北京山顶洞人遗址中发现有骨针和百余件中间钻孔的饰品。然而，仅仅靠这些仅有的遗迹残骸还不足以勾勒出探究服饰起源的全部状况。关于服饰的起源问题，中外学者从不同的立场和出发点得出了不同结论，比较有影响的观点有以下几种。

（1）保护说

认为服饰的最初动机是为了御寒保暖、防风防晒、保护肌体不受外部东西的损伤。

（2）遮羞说

认为《圣经》所写人类的始祖亚当和夏娃偷吃智慧果后，有了智慧，发现自己赤身露体，感到非常羞愧，就拿无花果的叶子编织成裙子围在腰间。从此人类出于对自身身体隐秘部分避免外露的需要，而穿上服装。

（3）吸引说

与遮羞说相反，认为把某些部位遮挡起来，反而会互相吸引异性的好感和特别注意。

（4）审美说

认为服装的起源就是人类装饰美化自己的需要。

（5）象征说

认为最初披挂人体的羽毛、贝壳、兽齿等是象征力量、权威、部族所属等方面的实际需要，到后来才演变为衣物和装饰品。

（6）护符说

认为原始人相信万物有灵，在自然崇拜和图腾信仰中，人们穿戴披挂在身体上的贝壳、羽毛、花叶、果实等物品，具有看不见的超自然力，能成为可使人远离疾病和灾祸的护身符。这些护符后来就以某种衣物或装饰品的形式装饰在人体上。

以上各种说法，在其所处的出发点下似乎都有道理，但要以其中任何一种观点来说明服饰的真正起源都是片面的，很难有令人满意的充分说服力。事实上，人类不是在某一天因为某种原因同时穿上衣服的，在从猿到人漫长的转变、进化过程当中，在与自然界作斗争的过程中，人类渐渐地发现并利用了服饰的多重功能。随着人们认识水平的提高、思维的发展、实践能力的增强，服饰的形式也就日趋实用、美观和完善。

2. 服饰的发展

纵观自服饰最初产生至今的漫长历史，服饰经历了全面的发展与深刻变革。不同地域、不同民族的服饰有着不同的形式与特点，即使是同一地域与民族在不同的时代、不同的社会文化背景下服饰也不相同。一定社会的政治、经济、宗教、思想、文化、甚至重大社会事件都会对服饰产生影响，正是在不同的社会文化背景下，中外服饰的发展形成了各自不同的形态与特点。

（1）西方古代服饰的发展

古埃及、古希腊、古罗马时期，服饰受地理环境的影响较大。这些文明古国的服饰更多地表现出防暑的特点，服装上或者裸露出身体的大部分皮肤以便散热，或者严密遮蔽身体防止阳光的暴晒。受生产力水平的限制,西方古代服装款式简洁、线条流畅,成型自然,松垂飘逸,较少地限制人体的活动,且男女服装在款式和结构上差别不大,丝毫没有通过服装来人为地强化着装者性别特征的迹象。例如古希腊的多立安式长衣通常为一块长方形的布料经简单的对折扎系后披挂在身体上,通过衣带在身体上不同的扎系部位和扎系方式,形成丰富的褶裥,一侧的侧缝自掖下至下摆甚至并不缝合,在行走运动之中,健康的躯体自然地暴露在观者的视线之中。服装本身具有充足的横向松量,并可以根据腰带的不同扎系位置来调整服装的长度,因而灵活自如地适应身体运动。以古希腊、罗马的服装为代表的西方古代服装,以这种独特的魅力树立起西方服饰史上的一个经典式样,并成为后世服装设计在追求纯净自然、高贵优美的风格时所反复借鉴的样本。

中世纪时期在基督教精神的统领下,西方文化在继承古希腊罗马文明的基础上,融合北方日耳曼民族的文化内涵,产生了一种独特的文化形式。表现在服装上,也是这种多元文化特质的融合。在中世纪的前期和中期,服装的基本式样为长筒型的丘尼卡(一种宽大的袋状惯头衣)。在丘尼卡的最外层,常披一件长及脚踝的斗篷,女子头上往往戴着长及膝盖的面纱或包着头巾,由头上下垂的面纱把全身都包裹隐藏起来,身体的体态特征完全被掩盖在服装之下,形成僵硬封闭的外观和超世神秘的感觉。中世纪后期人们的生活环境、生活条件日益改善,服装新奇式样层出不穷,装饰也日趋精巧华丽,服装款式上向裸露肉体、展示形体的方向发展。这也体现了"中世纪的西欧人苦恼于精神与肉体、理性与情感、理想与现实相克的矛盾心理,服装上也出现了否定肉体(掩盖体形)和肯定肉体(显露体形)两种矛盾现象。"中世纪服饰发展上的另一个重大事项是出现了服装裁剪方式的革命,服装由平面裁剪进入到近代立体造型的新阶段。以哥特时期为交汇点,服装的现代与古代、西方与东方开始分道扬镳。

近世纪服装的共同特征是性别的极端分化,即以服装的款式和造型来夸张和强调男女性别的差异,形成性别对立的格局。男子服装的重心在上半身,突出强调上半身的体积感,形成上重下轻的倒三角造型,富于力量感和运动感。与此同时,女子服装借助紧身胸衣和裙撑,撑托胸乳、束紧腰腹、夸张臀胯,塑造出上简下丰、上轻下重的正三角的造型,呈现安定的静态美感。以此将男女性别的特征以服装造型的方式强化,并成为经典形式在西方服装史上固定下来。

工业时代机器化大生产的普及、新能源新产业的出现,使得社会结构也发生重大转变。男装和女装在这个时期表现出截然不同的发展轨迹。男装不再像以往的任何历史时期那样,在社会变革时率先展开急剧的变化,日渐去除繁复过剩的装饰,追求服装的功能性、合理性。女装上追逐新的流行式样的脚步日渐加快。

(2)中国古代服饰的发展

在中国古代服饰发展的过程中,始终体现着社会等级观念的影响,这种情况下服装成为表现着装者身份等级差别的重要手段。因而在服装色彩、服饰图案以及服饰配件等方面,都有着严格的等级定制与穿着要求,以不同的官服色彩与装饰图案代表官职品级的等次,以服饰的材质和数量的差异来标识着装者身份的尊卑。按照周代奴隶主贵族的传统,色彩也有等级尊卑的区别,青、赤、黄、白、黑是正色,象征高贵,是礼服所使用的色彩。按服色标明官品等级的制度在唐代官服定制中正式确定下来,开始以紫、绯、绿、青四色确定官品高低,在以后各代中,不同色彩所代表的官职品级的具体定制屡有调整,但各种色彩所象征的等级尊卑的序列却基本未变。

中国古代在服装上施加文采主要有染、绘、绣、印等几种方法，其中标识身份等级的图案主要是以绘和绣的方法来完成的。冕服上的"十二章纹样"即以绘、绣的方式将十二种纹样施加在服装上，其中前六章：日、月、星辰、山、龙、华虫绘在上衣上，后六章：宗彝、藻、火、粉米、黼、黻绣在下裳上。每章都隐喻着帝王贵族应具备的风操品行，随着服用者身份尊卑以及服用场合的礼仪轻重进行递减。这种反映服装等级差异的服饰图案自西周之后历代略有改动，但总体上一直传承下来。到明清时期，官吏袍服在前胸、后背分别缝缀"补子"来标识官品等级。

中国古代服装的等级观念还表现在与服装搭配穿着的各类服饰配件上。服饰配件种类繁多，如头上戴的冠、腰间扎系的带以及系挂的饰物，尽管其式样、功能与佩带方式各异，但共同的特征是以装饰物的数量和材质的差别来标明官品等级。如宋代的官员腰间所佩带的革带，带本体由皮革制成，外面裹以或红或黑的绫绢，上面镶配带銙，带銙质料有严格规定，玉銙专门用于朝服，犀銙只能用于有官品者，后来严格定为三品以上用玉，四品以上用金，五品六品银銙镀金，七品以上用银。官服中如此，在常服以及民间服饰中，色彩、图案等同样是中国传统服装中最重要、且最具特色的服饰语言。

在服装形制方面，中国在原始社会末期便已经形成了"上衣下裳"的着装形式，上身所穿的"衣"和下体所包覆的"裙"是中国传统服装中历史最悠久的两个服类。春秋战国时期出现了"深衣"，《五经正义》中记深衣是"衣裳相连，被体深邃"，它在结构上以衣裳分裁然后在腰间相连的特点，创立了中国古代服装的又一个类别，即整体长衣。此后各代男女服装中最为普遍的"袍"服，从形制上讲都属于这一类别。上衣、裙、袍三个服装类别是中原地区汉民族尊崇祖先服制承袭并发展而来的，并作为中国古代服装最主要的服类传承至今。

作为以汉民族为主体的多民族的国家，中国古代的服装，在漫长的发展过程中，以汉民族的着装传统为基础并不断吸收和融合其它民族的着装特点，在中国服装史上最为明显的服饰变革有五次。第一次是战国时期赵武灵王的"胡服骑射"将西北狩猎民族的裤褶、带钩、靴等引入中原，出现下体着裤的穿着式样；第二次是汉末魏晋时期，社会的动荡和战乱使得民族间的交流和融合空前频繁，服饰上的交融也更加深入；第三次出现在唐代，流行一时的"胡服"和西域风格的服饰极大地丰富了汉民族的服装式样；第四次是在清代满族的统治下，所推行的男子蓄长辫子、穿长袍、马褂的服饰传统；第五次是辛亥革命后，西方服饰形态和服饰文化深刻地影响中国的传统服饰，服装上出现不断西化的特点，第五次服装变革一直持续到今天。

（3）中西方现代服饰发展

现代服装最突出的特点是女装完成了现代化的进程。女装的现代化首先表现为把女性从束缚身体的紧身胸衣中解放出来。这个时间开始于19世纪末20世纪初，法国著名服装设计师保罗•布瓦列特敏锐地把握了时代的变化潮流，在他设计的希腊风格女装中，率先抛弃了使用几百年的紧身胸衣，使腰身不再是表现女性着装魅力的唯一关注点，以此奠定了20世纪女装流行的基调。另一位著名的法国女装设计师苟苟•夏奈尔开创了形式简洁、强调功能的女装形式，打破了传统女装的贵族气派。在紧随其后的第一次和第二次世界大战中，妇女成为战时的必要社会劳动力，军服及工装裤在女装中的普及，客观上促使女性服装最终去掉繁琐的装饰，机能性的服装在女装中确立下来，成为服装现代化的又一个重要表现。60年代的西方年轻风暴席卷全球，街头文化影响到服装流行的主潮，牛仔裤、迷你裙、嬉皮和朋克风格等在年轻人中风靡的服饰，成为高级时装舞台上的流行热点，服装中性化、男装女性化、民俗化、复古化等反传统的服装现象在各国相继出现。对传统服装的反叛以及男女服装在性别上对立极端的弥合，运动化、休闲化、个性化成为服装现代化的重要内容。70年代后，西方服饰文化与世界各地的民族服饰文化最大限度地碰撞与交流，时装的流行更加丰富和多样。继巴黎之后，出现了米兰、伦敦、纽约、东京等世界时装中心。随着全球经济一体化的发展，人类服饰在21世纪将进入更繁荣的国际化与民族化交融发展的崭新阶段。

二、服饰的功能美

功能美是指物质产品的一种最基本的审美形态。对于服饰而言，功能美的要求是伴随着服饰的目的而产生。人类穿着服饰的目的既有相对于自然环境而言的调节外界寒暑风雨等环境变化，防止外来侵害的目的，又有相对于社会环境而言的在人类的集团生活中具有显示个性、符合社交礼仪规范、维护和谐的社会秩序的目的（图6-5）。服饰具有以下几方面的功能。

1. 服饰的身体防护功能美

服饰的身体防护功能是指对于环境气候等外在因素，具有保护身体使之免受或少受伤害的作用。现代户外运动服装的防寒、防暑、防风、防雨等功能，在设计上就是突出了服饰对于气候环境的防护功能。对于特殊行业或工种的职业服装，要突出防伤、防火、防毒、防虫、防菌、防污等对于人体的护身功能。如建筑工人的安全帽、电焊工人的焊接面罩、粉尘作业时使用的面具和眼镜、消防队员的消防服、传染病房医护人员的隔离服等。

图6-5 服饰具有显示个性、符合社交礼仪规范、维护和谐社会秩序的目的

2. 服饰的运动适应功能美

服饰的运动适应功能是指所穿用的服饰要便于人的机体运动，表现出对身体活动的适应性。服饰对身体运动功能的适应性在服装发展的历史上屡见不鲜，20世纪20年代，随着汽车的普及，西方女性服装中裙子的长度明显缩短，简洁的造型和适合的长度，使得女子在乘车出行的日常活动中较少受到来自服装的限制。在现代专业体育运动的服装设计上，通过对身体运动动作的分解分析、找出运动姿态与服装体量的关系，合理地设计服装的板型，从而最大可能地减少服饰对身体运动的限制。

第六章 形象设计的整体美 | 111

3. 服饰的身份标识功能美

服饰的身份标识功能是指利用服饰来表示服用者的等级地位、政治集团、职业等社会身份的功能。服饰的社会等级地位的标识功能在中国古代社会表现得最为严格与完善。中国早在西周时就确立的冕服制度，就规定王室公卿根据爵位的高低以及季节时令的不同，在祭祀、朝会、婚礼、朝贺、册封等场合，分别穿着不同形式、质料、色彩和图案定制的冕服，体现着森严的等级观念。现代社会中的军装、警服、学生服等，都是具有明确身份标识功能的服装，这些服装在标识服用者身份的同时，还象征着与身份相适应的社会权力并对其行为做出约束。

4. 服饰的容仪彰显功能美

服饰的容仪彰显功能是与服饰的审美功能紧密相连的，主要指服饰具有体现服用者仪表、风度、气质、性格等精神面貌的作用。仪容彰显的功能来自着装者自身以及服饰两个方面。着装者自身的社会角色、教育程度、道德修养、审美习惯、个性特征等是决定个人精神面貌的内在因素，而对服饰款式组成、构成形态、图案色彩等的选择，则以外显的方式传达着个人的内在精神面貌，或庄严高贵，或娇秀柔美，或热情奔放、沉稳含蓄，从而使服饰发挥着彰显仪容的作用。由此形成的服饰伦理性和规范性，在社会生活中作为共同的社会规范被固定下来。

三、服饰的造型美

造型美对于服饰有重要的意义。服饰的造型美主要指服饰的外形轮廓所具有的审美特征（图6-6）。纵观中外服饰的发展，服饰的造型基本上可以分为自然成型的服装和人工塑型的服装两大类别。

1. 自然成型的服饰造型美

自然成型的服饰造型美是指服装在剪裁缝制的过程中，不考虑身体各个部位的形态与特征，将服装面料以直接披挂、包缠或简单剪裁后套穿在身体之上，服装本身不具有立体的造型，服装的造型美是通过穿于其上的人体或通过人体的运动而获得。典型的例子是古希腊、罗马的服装，简单的面料以不同的包缠扎系方式获得无限丰富的视觉外观，在人的行走坐卧之中，服装面料形成自然流畅的褶襞，成为自然成型的服装造型美的重要内涵。此外，中国传统服装前开式的长衣，衣襟左右相压，把身躯和下体全部包覆起来。服装本身属于方正平直的平面结构，穿在身体上才获得立体的造型，也体现出宽松自如的形式美感。因而在自然成型的服饰之中，服装与人体之间表现出一种和谐自然的存在关系，人是服装的主体，人的身体赋予服装造型美的灵魂。

2. 人工塑型的服饰造型美

人工塑型的服饰造型美是指服装在裁剪缝制的过程中，充分考虑到人体的躯干、四肢的形态特征，考虑到胸、腰、臀、腹的围度变化与体表的凸凹起伏来设计板型制作服装，或者在人体自然体态的基础上，通过在相关部位填充衬垫其它材料，来获得心中所期望的、人体所不具备的理想形态。西方服装自中世纪末期开始就沿着这条路线而发展。近世纪和近代男女服装在造型上都体现了这种人工塑型的特点。人工手段塑型为服饰的造型设计打开了通往广阔天地的大门。仅以女性身体的绕臀部一周的造型为例，西方服装史上就曾出现过很多新异的造型式样，中世纪时期夸张凸起小腹的造型，洛可可时期用裙撑夸张身体两侧宽度的造型，以法国高级时装设计师迪奥为代表，推出的A形、X形、Y形、H形、郁金香形等，都开创了现代服饰设计"形的时代"。按照这个思路，在方法上人们完全可以获得一切所期望的服饰造型，只要觉得美。但服饰的造型美仍是要受到功能和审美因素的制约，以失去服装的部分功能为代价的造型美，或者是不考虑形式美法则，以及人们的审美心理接受能力，异想天开的造型设计都很难获得持久、永恒的造型美。

图6-6　服饰的造型美主要指服饰的外形轮廓

四、服饰的色彩美

色彩美是服饰美的灵魂。色彩美最为活跃、醒目与生动，在构成服饰美的诸多要素中，色彩美占据着极其显要的地位。服饰的色彩美是指由色彩因素而产生的美感，是服饰设计在色彩配置上的总的要求，也是服饰外表美的具体内容之一。色彩美对审美客体而言是服装美的构成要素，对审美主体而言则是视觉美的引动因素，色彩的美是审美主体的一种心理体验。这种心理体验是基于色彩的物理属性和人的生理属性，以及人的成长经历与生活经验共同作用的结果（图6-7）。服饰的色彩美主要表现在两个方面。

图6-7　色彩美是服饰美的灵魂

1. 服饰本身所具有的色彩美感

服饰本身所具有的色彩美感，是指服装面料的色彩美和服装由搭配而产生的色彩美。服装面料有丰富的色彩效果，可以是单色的，也可是花色的，通过印、染、编、织等工艺手段表现出来。一般情况下，服饰的色彩美要靠色彩的配置来实现，这就必须遵循配色美的原理，即重视色彩的对比和调和。设计师通过对现有面料色彩进行选择来表达其设计意图，这就需要设计师具有丰富高深的色彩美学修养。服装搭配的色彩美感往往由穿着者完成，穿着者在选择服装时，会不知不觉地运用自己的色彩审美观点进行选择。

2. 服饰与外界因素协调而产生的色彩美感

服饰与外界因素协调而产生的色彩美感，包括服色与肤色、肤色与环境等。比如，纯度低的颜色用在"乞丐装"设计中可能会比纯度高的颜色更恰当些，而在鲜艳明亮的色彩流行时期，作为高级成衣常用色的灰色系列可能要暂时退居二线或者做某种改变。

五、服饰的材料美

服饰的材料美是指由材料因素而产生的美感。服饰材料是服饰的载体，离开材料谈服饰等于纸上谈兵。设计师会因发现新的材料而激动，并会因此而触发设计灵感，新材料背后包含着新科技，象征着生产者的技术水平和经济能力。对设计师来说，材料美的侧重点主要放在面料上，因为它是服饰材料美的外观表现，许多辅料的功用只是服饰材料美的内在表现。就表现内容而言，服饰的材料美主要表现为色彩和肌理。材料的色彩美如前所述，不再重复。材料的肌理美是指材料表面因织造或再创造而产生的纹理效果。此外，面料的许多物理性能，诸如悬垂性、透气性、柔软性、挺括性、伸缩性等，无不成为服装设计师必须考虑的材料因素。因为新颖合适的面料制成的服装，常能引起消费者的购买冲动（图6-8）。

六、服饰风格的流行美

服饰的流行美是指因服饰的流行因素而产生的美感。流行因素很多，包括流行的造型、流行的色彩、流行的面料和流行的工艺等，因此，服饰的流行美也是服饰集合了多种因素而最终表现出来的综合美感。一般所说的流行，主要是指造型、色彩和面料三个因素。大多数实用服饰都存在着是否流行的问题。许多人的购衣原则是看此服饰是否属于当时流行的服饰，评论某人的打扮是土气还是时髦，就是从流行的角度出发的，因此服饰的流行美也是一个评判服饰的审美标准。这需要评判者首先懂得流行的知识，掌握准确的流行信息，才能完成服饰流行美的审美过程，否则，审视流行就是无稽之谈。当看到属当今流行之列的服饰，就容易产生审美上的认同，反之则容易产生审美上的否定，这种认同和否定会进而对穿着者产生认知上的导向。

图6-8　服饰材料是服饰的载体

第三节　仪态美

仪态美是指人的仪表、举止、姿态所显现出的美的静态美和动态美。它是人类把自身作为审美对象进行自我观照的结果，是人类按照美的规律实现自身外在改造的结果。姿态美是身体各部分在空间活动变化中呈现出的外部形态的美。如果说人的容貌美和形体美是人体静态美的话，那么姿态美则是人体的动态美。培根说："形体之美胜于颜色之美，而优雅的行为之美又胜于形体之美。"优雅端正的体态，敏捷协调的动作，优美的言语，行之有效的大方修饰，甜蜜的微笑和具有个性特色的仪态，会给人留下美好的印象。仪态美的塑造不仅要按照美的规律进行锻炼和适当的修饰打扮，更要注意自身的内在修养，包括道德品质、性格气质和文化素质的提高，因为人的外在仪态美，在很大程度上是内在心灵美的自然流露。所以，比较而言，后者比前者更为重要。

一个人的仪态，包括了日常活动的全部。如坐的姿势，走路的步态，站立的样子，待人的态度，说话的声音，面部的表情，一举手，一投足，一颦一笑等。最受人敬重的女性，往往不是最美丽的女性，而是仪态最佳的女性。评价一个人美与不美，不完全只是看脸长得漂亮与否。脸长得漂亮，对整体形象来说，确实是它美的一个组成部分，但不是全部。有些女性尽管长相漂亮，衣着时髦，但是站无站相、坐无坐相、举止忸怩、表情呆板、谈吐粗俗，使人感到整体的不协调，很难给人以美的感觉。

一、礼仪美

礼仪与美学的关系是"有礼则雅",符合礼仪的做法必然是美的,而美是衡量礼仪是否完善的一大标尺。从某种意义上说,礼仪实际上是交际活动的一种形式美。

1. 礼仪美的概念

人是社会美的创造者,人的美是指人的内在品质,通过外在形式表现出来的内外结合,给人以美感的整体形象。它包括人的内在美(心灵美)和外在美两方面,是人的形式美与内容美的统一。而"外在美"是指通过人的相貌、体态、语言、行为、仪表、风度等表现出来的美,它包括形体美、姿态美、行为美、语言美。行为美是指人的行为动作之美,它既包括了一个人举止风度的美,更侧重于与道德意义的"善"相联系,评价一个人的行为美与不美,主要看其是否符合社会道德规范,符合者为美,反之则不美。礼仪美属于行为美的范畴。"礼"是指道德行为规范,"仪"指的是仪式、仪表。古往今来,人们最崇尚与追求的礼仪美,是心灵与外表协调统一的美,这种形式与内容的绝对统一,是我们修养的最高标准。

2. 礼仪的类型

一般来说,礼仪按照其应用的范围大致可分为日常生活中的礼节、生产和社会生活中的礼仪和外交礼节三类。孔子有言:"质胜文则野,文胜质则史,文质彬彬然后君子"。其意是说,人很朴实,但若不注重礼仪,就会显得很粗野;若只注重外表,而缺乏内在质朴的品德与修养,则会使人显得轻浮和浅薄,只有高尚的品德与良好的行为举止相结合,才可以真正称得上有教养的人。礼仪具体表现为礼节、礼貌、仪式、仪表等。

(1)礼节

礼节即礼仪节度。礼本意谓敬神,后引申为敬意的通称。礼节指人们在社会交际过程中表示致意、问候、祝愿等惯用形式。

(2)礼貌

礼貌指人们在相互交往过程中表示敬重、友好的行为规范。

(3)仪式

仪式泛指在一定场合举行的具有专门程序、规范化的活动。《说文解字》说,"仪,度也。"本意指法度、准则、典范。后引申为礼节、仪式。

(4)仪表

仪表指人的外表,包括容貌、服饰、姿态、举止等方面。

3. 个人礼仪的特征

(1)以个人为基点

个人礼仪是针对个人行为的种种规定。但个人行为将直接影响群体、组织,乃至社会的生存与发展。因此,加强个人礼仪,规范个人行为,不仅是为了提高个人自身修养,更重要的是为了促进社会发展的文明有序。

(2)以修养为基础

个人礼仪不是简单的个人行为表现,而是个人的公共道德修养在社会活动中的体现,它反映的是一个人内在的品格与文化修养。若缺乏内在的修养，个人也就不可能自觉遵守、自愿执行社会公共道德。

（3）以尊重为原则

在社会活动中，讲究个人礼仪必须奉行尊重他人的原则。"敬人者，人恒敬之"，只有尊敬别人，才能赢得别人对你的尊敬。

（4）以美好为目标

按照个人礼仪的标准行动，是为了更好地塑造个人的自身形象，更充分地展现个人的精神风貌。个人礼仪能使人识别美丑，帮助人明辨是非，引导人走向文明，让个人形象日臻完美。

4. 个人礼仪的培养

良好的个人礼仪、规范的处事行为并非与生俱来，也非一日之功。它是要靠后天不懈的努力和精心教化才能逐渐形成的。因此，可以说个人礼仪由文明行为标准真正成为个人的一种自觉自然的行为，这个过程是一个渐变升华的过程。而完成这种变化则需要有三种不同的力量，即：个人的原动力，教育的推动力以及环境的感染力。

（1）个人的原动力

个人的原动力，亦称个人的主观能动性，它是人的行为和思想发生变化的根本条件，也是人提高自身素质，形成良好礼仪风范的基本前提。作为社会个体，每个人只有首先具备了勇于战胜自我，不断完善自身的思想意识，才能发挥自己的主观能动性，行动中才可能表现出较强的自律性，自觉克服自身的不良行为习惯，自觉抵御外来的失礼行为，与此同时，努力学习，不断进取，使个人礼仪深植人心，真正成为优良个性品质的重要组成部分。因此，个人礼仪的形成需要个人的原动力，需要个人的自律精神。

（2）教育的推动力

个人礼仪的教育培养，就是培养人提高对礼仪的认识，陶冶讲究礼仪的情感，锻炼讲究礼仪的意志，确立讲究礼仪的信念以及养成讲究礼仪的习惯。这是塑造人们精神面貌的系统工程，需要教育者与受教育者的共同努力。其中教育者对受教育者的引导、指点和言传身教是至关重要的，它能使受教育者从中得到真正的感悟，进而提高自身内在的素质。因此，教育在培养个人礼仪的过程中起着推波助澜的作用。

（3）环境的感染力

个人礼仪的形成，除了自身的原动力和教育的推动力外，还要受到个人所处的社会环境的影响。"近朱者赤，近墨者黑"，正是说明社会环境条件与个人思想、行为的变化密切相关。不同的环境造就不同的人，生活环境对人的感染和影响是潜移默化的。环境对人的思想、行为，尤其是对个人礼仪的形成和影响作用是毋庸置疑的。

5. 个人礼仪修养的意义

社会以个人礼仪的各项具体规定为标准，即要求人们通过努力，克服自身不良行为习惯，不断完善自我的行为活动，把良好的礼仪规范标准化为个人的一种自觉自愿的能动行为。个人礼仪修养有以下意义。

（1）能提高个人素质

现实生活中，每个人都在以各种不同的方式追求着自身的完善，寻找通向完美的道路。加强个人礼仪修养是实现完美的最佳方法，它可以丰富人的内涵，从而提高自身素质与内在实力，使人们面对纷繁的社会有勇气、有信心充分地实现自我。

（2）能增进人际交往

人际交往，贵在有礼。加强礼仪修养，处处注重礼仪，能使自己在社会交往中左右逢源，无往不利；使自己在尊敬他人的同时也赢得他人的尊敬，从而使人际关系更趋融洽，使人们的生存环境更为宽松，使人们的交往气氛更加愉快。

（3）能促进社会文明

人与社会密不可分，社会是由个人组成的，文明的社会需要文明的成员一起共建，文明的成员则必须用文明的思想来充实，用文明的观念来教化。个人礼仪修养的加强，可以使每个社会成员进一步强化文明意识，端正自身行为，从而促进整个社会文明程度的提高，加快社会的发展。

二、体态美

体态又称举止，是指人的行为动作和表情，日常生活中的站、坐、走的姿态，一举手一投足，一颦一笑都可以称为举止。体态是内涵极为丰富的身体语言。优美而典雅的造型，是优雅举止的基础，举止的高雅得体与否，直接反映出人的内在素养，举止的规范到位与否，也直接影响他人的印象和评价。行为举止是心灵的外衣，体态美不仅能充分展示体形的优美，还能反映出人的学识、修养等内涵美（图6-9～图6-11）。

图6-9　体态是内涵极为丰富的身体语言

图6-10　行为举止是心灵的外衣

图6-11 表情美是体态美的动态表现,又是心灵美的外化

1. 体态美的标准

一般而言,根据人们所处地域、文化和生活习惯的不同,美的体态应具备下列条件。

(1) 符合人体生理功能

美的体态要自然、潇洒、大方,要顺应人体正常发育形态,符合人体生理功能。如站立时要抬头、直颈、挺胸、收腹、两臂自然下垂、提臀、直腿、并脚,这符合人体脊柱的生理弯曲和关节的功能需要,因此是美的。相反,若弯腰驼背、东倒西歪,则显然不符合人体的生理需要。因此,凡是符合人的生理需要而又自然潇洒、敏捷矫健的体态就是美的。

（2）动作能给人以美的享受

体态越标准，美感也就越强。人体的动作要达到美感效应，应该是灵活敏捷、稳健庄重的。但灵活不等于轻浮，敏捷不等于莽撞，稳健不等于呆板，庄重不等于迟缓。因此，美的体姿应该是灵活中见稳重。

（3）能反映人的内在素养

一个人的体态动作，能直接反映出他的文化修养和审美观念，也能反映出一个人的道德品质和思想情操，是人心灵美的外在反映。精神空虚、灵魂肮脏的人，其表现出的体态动作往往是粗野轻浮、俗不可耐。

2. 体态美的特征

体态是信息传递的载体，人们可以通过体态语言交流思想、传达感情。体态语言是借助人的面部表情和人体动作来表现的，日常生活中的喜、怒、哀、乐、恐惧等情绪反应，单靠语言是难以表达的，还需要体态语言的辅助，如人高兴时的手舞足蹈等。一个人的举止风度是指从他举手投足等身体各部位的直观动作，以及待人接物和与他人交往的行为中具体表现出来的。"站如松，行如风，坐如钟，卧如弓"是古人对人体体态的形象概括，也是对人们举止的形象化要求。

（1）站姿美的特征

站立是人体的静态造型，能充分体现人的精神面貌。优美而典雅的站姿，能显示出静态美。人在站立时，正确的站姿应当是：抬头，双目平视前方，唇微闭，面带笑容，下颌稍收；双肩放松，稍向下压；身体重心应放在两腿中间，防止重心偏移；要挺胸、收腹、立腰；双臂自然下垂于身体两侧，双腿直立，膝和脚后跟要靠紧。不论男性还是女性站立的姿势都应是挺、直、高。"挺"可以显得有朝气、青春，也是自信的象征。"直"并不是说脊柱要笔直，而是颈、胸、腰等处保持正常的生理弯曲，否则人体便会僵直而不自然。"高"是指站立时身体重心要尽量提高，给人以舒适、活泼的感觉，否则重心过低，给人一种不方便的感觉。女性头部可稍低，这样可突出女性温柔之美。胸部稍挺起，腹部宜微收，臀部放松后突，以此来增加女性曲线美，做到自然之中保持端庄的仪态，如果哈腰驼背、腿摇打弯、手臂乱舞，则会给人一种轻浮之感，而且也会影响身体健康。因此，人的优美站姿是要自己有意识控制的。

（2）坐姿美的特征

坐姿是人体举止的主要内容。人们无论学习、工作、会客交谈、娱乐休息都离不开坐，但所采取的坐姿可以是不同的。最常见的一种坐姿是将臀部和坐骨结节置于支撑物上，以支持除下肢以外的身躯的姿势（下肢可自由），这种姿势是人一生中清醒状态下最佳的一种，能从多种角度展示一个人的形体美和心灵美。最为正规的端坐姿势，要求头正、躯干直立、挺胸、收腹、大腿与躯干之间构成约90度左右的角度，两脚自然落地并稍有分开。入座时要做到轻、缓、紧、正。所谓"轻"是指入座要轻，猛然坐下显得粗鲁。"缓"是落座声音柔和，快速坐下或腾地站起，易造成紧张气氛。"紧"是指入座时腰、腿肌肉紧张，髋和膝屈曲应自然。"正"是指坐时要收腹挺胸，上体自然挺直。总之，坐姿端庄、大方、自然、舒适才能给人美的印象，无论在什么场合，切忌两腿分开，特别是穿短裙时，以免使人尴尬，给人以轻浮的感觉。

（3）走姿美的特征

走姿是双脚交替移动时身体的姿势。日常生活中，走姿可以从侧面反映社会风尚、道德情操，矫健的步伐给人以充满活力的健康美感，人走路时举步的动作、方式表现出来的美，具有动态美和韵律感。美的走姿会显得文明、高雅、富有活力，走路姿势美不美取决于人的步位、步幅、步率、步态。

① 步位：指走路时迈出去的脚落地时的位置。在较庄重的场合，除头、颈、躯干都应正直外，起步和落步的脚尖均应正对前方，足迹应呈一条直线。

② 步幅：指每一步的长度。标准的步幅是迈出的每一步的长度（前脚跟与后脚尖之间的距离）应恰好是本人脚的长度，两只脚的步幅应尽量一致，显得协调。

③ 步率：指左、右脚交替迈出的频率。左、右脚各迈出步的频率应适宜，若太快会显得匆忙，太慢则缺乏精神，两脚的频率应尽量一致。一般情况下，每半秒钟迈出一步。

④ 步态：指迈步的姿势。迈步时，要使髋、膝、踝关节自然屈伸并显得富有弹性，使用脚掌前部蹬地推动身躯前行，并伴随上肢自然摆动。注意举步不可重如铁，也不要拖泥带水，宜稳重、轻盈、洒脱。轻盈自然的步态可以增强下肢肌肉和韧带的张力及弹性，保持髋关节和膝关节的稳定性和灵活性，有利于髋、膝关节肌群的收缩，还可保持脊柱的生理弯曲。

跑步是人体快速运动的姿势。与走路的区别在于跑步过程中两腿在交替落地时，身体有一个腾空的阶段，跑步总的要求是敏捷、协调、轻盈。因此，跑步时要大腿带动小腿向前上方摆动，髋关节略向前，前足着地要柔和，上身略向前倾。慢跑时上身可接近正直，胸略含，头要正，两眼应平视，双臂摆动要协调、自然且幅度不宜过大。

3. 表情美的特征

表情美是体态美的动态表现，又是心灵美的外化。人的表情美主要包括眼睛美、脸部表情美和手势表情美。从整个表情系统和接受美学的角度来看，自然的、和谐的、丰富的表情是美的，它可以加深人与人之间心灵的理解，使感情融洽。

（1）眼睛表情美

眼睛是传递心灵信息的窗口。人的喜、怒、哀、乐、惧、爱、恨、羞等复杂感情，都可以通过眼睛表达出来。要获得眼睛的表情美，注意不要斜视、俯视、不屑一顾、轻浮等不礼貌的眼语。要达到这一点，除了表现的技巧外，加强文化、品德修养也很重要。眼睛的灵活和明亮是眼睛表情美的重要组成部分。

① 灵活：包括眼睛的转动范围和转动频率。表现为思维敏捷的反应，是青春活力的表现，是生命力的象征。在灵活的眼睛里，会给人一种流动的美感。从美感的外部表现看，灵活的眼睛具有美的节奏感。

② 明亮：明亮的眼睛没有掩盖、没有伪饰、没有愁云、没有迷惘，使人一览无遗。明亮的眼睛是童贞的表现，它给人一种清晰的美感。

（2）脸部表情美

人的喜怒哀乐都可以从脸上看得出来。板起面孔和媚笑，都会使人不舒服，这实际上是脸部表情的度。所以，脸部表情美应以体现和谐为美的原则。

① 自然明朗：脸部表情不要做作，不要在脸上堆砌表情，不要夸饰，要给人以自然和明朗的感觉。

② 轻松柔和：轻松柔和能给人一种美的感觉。但对长、方脸型的人来说，要注意多一点微笑，微笑能够起到软化硬直的脸型，让人看起来轻松柔和，感到温暖舒服。

③ 大方宁静：不要人为地去追求脸部表情，不要作夸张和娇滴滴的伪饰，人的表情和打扮一样，要求大方宁静，以得体为美。

（3）手势表情美

手势是一种无声的语言，如果使用得当，能够完美地丰富人的体态美。

① 简洁明了：手势宜少不宜多，而且要和口头语言相辉映。过多、过滥的手势，只能说明一个人的浅薄和无知。

② 大小适度：除非演讲等表演场合，手势的活动限度要大小适度。太大，会给人做作的感觉；太小，使人觉得拘谨。

③ 动静结合：如果没必要，不要使用手势。静态的手势仍然可以表述人的感情，不要做一些无意识或下意识的手势，这很不雅观。手势的美只有静动的交替和恰当的搭配才给人以美感。

④ 切忌模仿：不要刻意模仿别人的动作，一个人的手势是体态美的有机组成部分，将别人美的手势硬移到自己身上不一定得体，反而会破坏自己原本完整和谐的形象。

三、气质美

气质是指人相对稳定的个性特征、风格以及气度。气质是一个人心理活动稳定的动力特征，这些动力特征主要表现在心理过程的强度、速度、稳定性、灵活性和指向性上。如情绪的强弱，思维的快慢，注意力集中时间的长短，注意力转移的难易。在日常生活中，气质一词的使用意义和脾气、性格的含义相近。

性格开朗、潇洒大方的人，往往表现出一种聪慧的气质；性格开朗、温文尔雅，多显露出高洁的气质；性格爽直、风格豪放的人，气质多表现为粗犷；性格温和、风度秀丽端庄，气质则表现为恬静……无论聪慧、高洁，还是粗犷、恬静，都能产生一定的美感。相反，刁钻奸猾、孤傲冷僻，或卑劣萎靡的气质，除了使人厌恶以外，绝无美感可言。

气质，似乎是人们熟知而又不易捉摸的概念，大有"只可意会不能言传"的意味。在人际交往中，人们常常用气质来评价对方，如"艳而不俗"、"仪态端庄"、"风韵犹存"等，实际上这都是由于气质美所带来的风采。一个人持久的、高贵的美莫过于气质美。气质美属于一种内在美、精神美，是以一个人的文化、知识、思想修养、道德品质为基础的，通过对待生活的态度、情感、行为等直观地表现出来。人们观察、评价一个人的气质时，往往是"由表及里"，透过对方的眼光、神情、谈吐，才能观察到一个人的气质。常言道"眼睛是心灵的窗户"、"神情是感情的外露"、"谈吐是直抒胸臆的表达"。在现实生活中，气质好的人，的确能给人以美的享受。比如外貌秀丽，举止端庄，性格温柔给人以恬静的静态气质美；身材魁梧、行动矫健，性格豪爽的人，给人以粗犷的动态气质美；外貌英俊，举止文雅，性格沉稳的人，给人以高洁优雅的气质美。

气质美首先表现在丰富的内心世界。理想则是内心丰富的一个重要方面，因为理想是人生的动力和目标，没有理想的追求，内心空虚贫乏，是谈不上气质美的。品德是气质美的另一重要方面。为人诚恳，心地善良是不可缺少的。文化水平也在一定程度上影响着人的气质。此外，还要胸襟开阔，内心安然。

气质美看似无形，实为有形。它是通过一个人对待生活的态度、个性特征、言行举止等表现出来的。气质"外化"在一个人的举手投足之间。走路的步态，待人接物的风度，皆属气质。朋友初交，互相打量，立即产生好的印象，这种好感除了来自言谈之外，就是来自作风举止了。热情而不轻浮，大方而不傲慢所表露出的是一种高雅的气质。狂热浮躁或自命不凡，就是气质低劣的表现。

气质美还表现在性格上。这就涉及平时的修养。要忌怒忌狂，能忍辱谦让，关怀体贴别人。忍让并非沉默，更不是逆来顺受，毫无主见。相反，开朗的性格往往透露出大气凛然的风度，更易表现出内心的情感。而富有感情的人，在气质上当然更添风采。

高雅的兴趣是气质美的又一种表现。例如，爱好文学并有一定的表达能力，欣赏音乐且有较好的乐感，喜欢美术而有基本的色调感等。

一个人的真正魅力主要在于特有的气质，这种气质对同性和异性都有吸引力。这是一种内在的人格魅力。许多人并不是很美，但在他们的身上却洋溢着夺人的气质美，如认真、执著、聪慧、敏锐。这是真正的气质美，是和谐统一的内在美。

在现实生活中，有相当数量的人只注意穿着打扮，并不怎么注意自己的气质是否给人以美感。当然，美丽的容貌，时髦的服饰，精心的打扮，都能给人以美感。但是这种外表的美总是肤浅而短暂的，如同天上的流云，转瞬即逝。如果稍加注意就会发现，气质给人的美感是不受年纪、服饰和打扮局限的。

四、风度美

风度美是指人的容貌、形体、动作、举止言谈、修饰打扮、表情神态等所体现出的一种美。它是人的精神境界、道德情操、文化修养、个性特征和生活习惯等方面的外在表现。它是社会美的形态之一，是人类进入一定阶段，把自身作为审美对象而进行审美活动的产物，是人类在长期社会实践活动中形成和发展起来的。

风度美主要是在日常生活实践中形成的，它受民族习惯、地理环境、历史条件、文化传统及多种社会意识形态的制约，不同的历史时期所反映出来的有关风度美的内容、标准、评价方式必然有所不同。风度美是人类遵循美的客观规律，实现自我认识和自我完善的结果，它也为自身的言行举止提供审美或自我塑造的依据。

风度美是一个复杂的审美范畴。人不同、生活环境不同，风度自然不同。在社会生活中，美是丰富多彩的，风度美的表现更是千姿百态。有的人豪放粗犷、爽朗潇洒，有的人文静娴淑、质朴端庄，有的人诙谐风趣、热情奔放，有的人持重稳健、蕴藉含蓄……决定风度美的因素，主要取决于人的内在气质、性格、道德情操和精神世界。风度美是人的内在美与外在美的高度统一，是人类文明的象征，它表明人类在认识和完善自我方面所达到的高度。

风度美偏重于修养，重在内涵，贵在内在美的自然流露，所以刻意雕琢，故做姿态是难以形成风度美的。一个缺乏内在修养的人无论言语如何委婉动听，也难以掩饰内心本质的庸俗。追求风度美必须做到以下三点。一是内在美与外在美的有机统一，只有心灵美才会显现出风度美；二是共性与个性的有机统一，任何一种风度总是共性与个性特点的和谐统一；三是自然与修饰的有机统一，自然显露与外在装饰浑然一体，才能充分体现风度之美，才会给人以强烈的美感。

第四节 形象设计的整体美感

人物整体形象设计是以专业的技术，通过发掘、矫正、整合与设计几个环节对人物形象进行全方位的包装与塑造，是一种立体的、全方位的视觉感知艺术。形象设计的整体美感，包括了外在的形美、质美、神美，以及通过外在形象所反映出来的内在气质、文化、修养、个性和职业等特征给人的审美感受。形象设计的整体美感，应是"真"、"善"、"美"的统一，让人感受的是一种喜悦，一种心情，一种素养，一种形象，一种与众不同的个性，一种再现魅力的内涵。它体现的是得体的装扮修饰，良好的素质修养，文雅的举手投足，随和的心态，包容的心境所创造的个人形象。

一、整体美感的形成因素及特征

随着观念的转变，以往相对独立的发型、化妆、服饰、仪态塑造等逐渐被整体形象设计所代替。现代人的形象更讲究全方位的设计与包装，从发型、化妆、服饰、礼仪风度、个性气质等方面的每一个局部精心装扮、修饰定位。从形式到内容、从外表到内在，塑造一个全新的、整体的形象，这不仅是形象设计的整体审美观，也是形象设计所要达到的目的。

1. 整体美感的形成因素

整体美感是审美主体从整体的角度感受美、理解美、评价美获得的精神愉悦，也就是审美主体对客体的直观体验、理性内涵、情感体验的高度融合。接受形象设计的人既是审美的主体，又是审美的客体。作为主体，他应该具有敏锐的感知能力，能对客体对象的美的实质或特征做出敏锐的观察与判断，并具有一定的意象生成能力和形象创造能力。对审美主体来说，审美对象（即审美客体）的存在是整体的、第一性的，没有可感知的美的事物作为欣赏对象，主体感受和主观体验就会失去依据。作为审美客体，要努力地从局部到整体，全方位修饰、美化自身，提高其美学价值，不仅使自身的整体形象成为自己欣赏的客体，在审美中获得最佳审美感受，同时自身的整体形象又是别人审美的客体，让别人也从中得到良好的审美感受，使自身的整体形象在别人的心目中留下良好的印象。

2. 整体美感的特征

形象设计的整体美感是多种美的综合体现。在现实生活中我们可能经常会看到这种情况，有些人穿着时髦而举止轻浮，容貌姣好而行为粗陋，身姿优美却满嘴脏话，色彩搭配不和谐，化妆及饰物不般配等。他们的形象或许会以瞬间的闪光博得人们一笑，但却难以赢得人们长久的赞美。因此，形象设计整体美感的体现，除了培养自己的审美趣味，提高自己的审美能力，不断地修炼自己外，还应符合整体美感的原则。

（1）发型、化妆、服饰组合的和谐统一

主要是指发型、化妆、服装服饰在造型、色彩和材质上要形成协调、呼应、搭配。发型、化妆与服装等的协调是体现整体美感的一个重要方面，形象设计中不可单纯地涂脂抹粉，画眉点唇，摆弄发式。而忽略年龄、气质、肤色、面部条件及服装服饰的存在。

（2）发型、化妆、服装与装饰的和谐统一

装饰在人的整体形象中至关重要，能起到烘托、陪衬、画龙点睛等作用。一件恰到好处的装饰品，好似画龙点睛，可使平淡无奇的形象顿生光彩，让人更加潇洒飘逸；而一件使用不当的装饰，好似画蛇添足，只能破坏个人的形象。

（3）发型、化妆、服装与体态的和谐统一

发型、化妆、服装仅仅是人体的"软包装"，恰当的发型、化妆，合体的服装加上优美的体态，高雅的气质，才能组成一个人的"静态外观"。因此，完美的发型、化妆、服装，加上良好的体态（挺胸、收腹，切忌弯腰驼背）才能达到悦目动人的目的。

（4）外表美与内在美的和谐统一

美的规律在于内容和形式的高度统一，形象设计美的规律也是如此，一个人光凭漂亮的发型、化妆、服装、容貌、身材等是远远不够的，还需要有良好的修养和文化涵养，这样才能说得上是美。"金玉其外，败絮其中"，光有外表美，而忽视了内在美，尽管怎样衣冠楚楚，珠光宝气，但充其量也只是一只"绣花枕头"而已。

二、整体美感与TPO原则

从微观角度看，形象设计的审美评价必须依赖于对设计对象的整体性把握，这主要体现在形象设计的各构成要素之间的关系协调与和谐。从宏观角度看，形象设计的审美评价应以"TPO"为总的指导原则，综合个人的年龄、性别、学识、职业、地位、信仰等因素，来确定整体美感。学过服装的人都知道，"TPO"原则是目前国际上公认的衣着标准，它指的是时间（Time）、地点（Place）、场合（Occasion），意思是要根据时间、地点、场合的不同来选择不同的着装。

1. TPO原则

"TPO"原则是指一个人的形象应根据时间、地点、场合的变化而相应变化，使形象与时间、环境氛围、特定场合相协调。

（1）T（Time时间）

包括季节、时代、空间等因素。不同的时代（古代、现代），不同的季节（春、夏、秋、冬），不同的时间（早晨、中午、晚上）都有着不同的形象特点，形象设计要根据时间的变化而变化，要参照流行时尚确定风格。因此，春夏要体现新颖、活跃、生机勃勃的特征，色彩要明快、柔和、使人感到舒适，富有联想；秋冬要表现出深沉、含蓄、给人以厚实温暖而多彩的感觉。如果在寒冷的冬天穿一件半袖衫走在大街上，即使是这件衬衫再流行恐怕也难以找到整体美感。

（2）P（Place地点）

它包括环境、背景，一个人的活动场所。一个人要在不同的工作、运动、娱乐、社交等场所塑造不同的形象，才能形成与环境相统一的整体美感。运动休闲形象是不可以在正规的商务谈判中出现，工作面试时的形象要表现出有教养、职业化的风貌，当事业已经达到了某个高度，出现在电视、报纸、杂志封面上时，其形象要满足公众的品位。

（3）O（Occasion场合)

包括目的、对象等因素。在生活中，每件事情都有自己的目的，在整体形象设计中，如何做到角色定位，是塑造形象整体美感的关键。一般而言，商务形象应庄重保守，社交形象宜时尚个性，休闲形象要舒适自然。

2. TPO原则在形象设计上的运用

服装的"TPO"原则越来越在形象设计中得到重视。商务、休闲等都会选择不同的服饰，但往往忽略了发型、化妆和仪态，用一成不变的形象来对付从早到晚，从工作到娱乐的不同需要，势必与身份、环境产生不谐调的冲突并影响了整体美感。形象设计上的"TPO"原则就是借用国际上公认的衣着标准，来说明形象并不是一种孤立的现象，形象设计的整体美感是众多因素的综合体现。因此，在运用"TPO"原则时，形象设计师必须考虑设计对象在什么时间、什么地点、什么场合适合什么样的形象。

（1）要知道设计对象是谁（Who）

运用好TPO原则，设计师首先要对设计对象的情况作一下分析，它包括年龄、文化、职业、身份等各方面的因素。因为不同的形象设计都有不同的审美评价和感受。如果是一个大学生，其形象就要尽可能表现出年轻人充满朝气、充满活力的青春气息，设计得过于成熟、时髦，肯定与大学生的身份格格不入。如果是职场白领，其形象设计就不能过于新潮、幼稚，过于鲜艳、跳跃、时尚的色彩不宜多用，造型应以庄重、大方为主。往往有的设计师对某种形象及妆扮有着特别的喜好或情结，喜欢把设计对象设计成理想中的样子，如果这种形象或妆扮适合设计对象的身份还行，如果不适合，就会形成不太谐调的感觉。

（2）要知道设计对象何时去何地（When）

时间不同，形象的特点也会各不相同。以化妆为例，白天的妆容宜清淡，以自然、大方为主，如果大白天浓妆艳抹穿街走巷，肯定会引来路人不解的目光，尤其是工作时间，艳丽的眼影、鲜红的嘴唇，甚至浓烈的香水味，定会引起周围人的反感。晚上则不同，晚上是人们娱乐、社交的时间，妆容可以化得稍浓一点，因为晚上灯光朦胧，不容易露出化妆痕迹。因此，腮红、口红可以大胆使用白天不敢用的颜色，眼影色也可以根据服装色调尽可能色彩丰富漂亮。眉型、眼型、唇型都可在化妆中做一些适当的修正，把五官勾画得更清晰一些。如果晚上的妆容跟白天一样淡甚至很弱的话，在朦胧的灯光下，设计对象会显得面无血色，无精打采。

（3）要知道设计对象将要到哪里（Where）

不同地点的环境对形象的影响是显而易见的。在狭窄拥挤的学生宿舍，周围除了高低床铺就是桌椅门窗，一身的珠光宝气与四周的环境会极不谐调，结果是让宿舍里的所有人都极其尴尬。在高档写字楼豪华的办公场所，高雅、端庄、精致的形象才能与之匹配。在一个非常传统、古典的中式庭院里参加宴会，形象最好不要太新潮、太前卫，稍稍保守一些、传统一些，甚至可以有一些具有中国古典特色的细节，才能使看起来高贵而端庄的形象与周围的环境融为一体。

（4）要知道设计对象去干什么（Why）

设计师除了对设计对象进行角色分析外，设计之前还得弄清设计对象的目的，然后根据目的选择相应的形象。比如说是去街上闲逛，还是去公司上班。如果去街上闲逛，只是为了休闲，并没有什么明确的目的，在形象上就不必有过多的限制，自然、随意就行。如果设计对象想让自己走在大街上多一些回头率，在设计上可以更新潮一些，更大胆一些，但必须掌握一定的度。如果设计对象是去应聘，那一定要分析应聘职务对形象的要求，如果设计对象应聘的是设计一类的工作，形象设计上最好能在文雅大方中有一些个性，有一些与众不同的地方。如果应聘的职务是一位部门经理，短发、盘发等传统的发型会使设计对象显得精明强干，一身合体的套装、淡淡的眼影、暗沉一点的口红、强调眉峰的眉型和略方的唇型都会使设计对象看起来更稳重、更成熟。

（5）要知道设计对象所处的环境怎么样（How）

我们每天都会生活在不同的场所，或者居家休闲，或者职场工作等，这些不同的场合会影响和制约着我们的行为方式和情感波动，因此，形象当然也要随之作出相应的改变。如果要去一家政府机关或者一家外企公司，我们就要考虑这两家单位不同环境对形象的要求，政府机关可能更喜欢比较传统、比较平实的形象，设计时就应该尽可能自然、平淡一些，不能过于时髦，过于前卫。外企公司希望手下的员工个个聪明能干，充满活力，其形象就不能过于朴实、传统，现代气息要浓一些。上海与北京虽然同属于国际大都市，但这两个城市也各有其不同的特点。上海有比较久的外来文化，上海人装扮得很得体、很时尚，体现的是典雅，精致的形象风格。北京人受外来文化影响时间较短，在装扮上讲究造型上的自由、舒适，有一种朴实、大气的欧陆风格，因此，如果去这两个城市，其形象就宜尽可能贴近他们的风格。

三、整体美感的体现

形象设计是一个整体的观念，是一个系统的工程，这里所说的整体是指包括人和物等多种要素在内的综合体。其中人的要素包括脸型、发型、体型以及人的服装服饰、气质、职业等；物的要素包括时间、地点、环境等。局部是指这些整体中的各个元素。形象设计中任何一个局部的设计都不是孤立存在的，在对每一个局部进行修饰、设计时都应同时考虑到其它的要素，因此，在形象设计中整体概念必须贯穿于整个设计的始终（图6-12）。

第六章 形象设计的整体美 127

图6-12　整体美感是多种美的综合体现

1. 整体审美观

美是一部分与另一部分以及与整体的固有的和谐。黑格尔在《美学》一书中说过："美的要素可分为两种，一种是内在的即内容，另一种是外在的，即内容借以现出意蕴和特性的东西"。任何美的事物都是一定的内容和形式的统一。美的内容一般比较隐晦、曲折，各人所能认识的深度和体验往往不尽相同，而美的形式则直接作用于感官，容易为人们所感知。虽然美的形式与内容互相依存和制约，统一于事物美之中，但美的内容应是决定性因素，形式必须适应内容，为内容服务。然而在美的形式与内容的关系中，形式并非纯粹消极、被动的因素，它能反作用于内容。当形式符合于内容时，形式能更好地表现内容，当形式不适合内容时，又将损害甚至破坏美的内容。所以，只看形式不看内容，或者只看内容不看形式，都不是科学审美观；只看一点不看全面，只看局部不看整体，也不能正确把握美的实质。只有局部与整体、形式与内容的兼顾统一，才是全面的、正确的、科学的审美观，即整体审美观。

2. 整体与局部的关系

整体与局部的关系，像阴阳一样，是相对的，局部是指那个特定整体的局部，整体是指含有那个特定局部的整体，有什么样的局部就有什么样的整体，有什么样的整体就有什么样的局部。整体和局部是平等的，没有贵贱之分，无论是通过局部把握整体，还是通过整体把握局部，都是可以的，没有科学不科学之分。整体与局部没有先后，并互为因果，不能孤立存在，局部依赖着整体，整体也依赖着局部，局部规定着整体，整体也规定着局部。局部在组成整体的同时，整体也在塑造着局部，这是因为有了这些局部才产生这个整体，同时，也是因为有了这个整体，才有了这样的局部。某个局部在存在的一刹那，它所构成的那个整体也就存在了，某个整体在存在的一刹那，它所包含的那些局部也就存在了。

3. 整体美感的体现

形象设计的构成，通常是将形象内容划分为头部、面部、体型和仪态等部分，分别进行发型、妆型、服饰、仪态的设计或塑造，然后再将这几个部分整合起来，结合时间、地点、环境等因素，让他们互相协调地构成一个完整的形象。形象设计是对人物形象各构成要素之间关系的处理艺术，使之形成整体的协调、和谐之美。形象中某一个要素的超凡出群也许能给人留下深刻的印象，然而在总体的形象上，单一要素的好坏并不起主导作用。整体是对的，但要正确地体现出整体美感，需要的是对整体中的各个元素及构成方式的恰当、正确的定位分析，不仅要有整体性的想法，更重要的是要有实现这种想法的可靠、有效的技术手段，将局部处理精确到位，有个性，使形象的特点更加突出，没有这些技术手段，所谓的整体美感也就难以体现。因此，设计时要克服为了追求变化而在局部上采用堆砌、拼凑等毫无意义的操作。形象的局部要服从整体的要求，形象局部的变化是为了整体的内容丰富，不能繁琐，不能破坏整体关系的和谐统一。

复习思考题

1. 发式造型的美学规律有哪些？
2. 妆型的美学原则有哪些？
3. 简述仪容美的感念与特征。
4. 简述面型的类型及特点。
5. 试述服饰美的内容。
6. 如何体现气质风度美？
7. 阐述体态美的标准及特征。
8. 形象设计如何运用TPO原则？
9. 形象设计如何体现整体美感？
10. 如何理解"金玉其外，败絮其中"？
11. "秀外慧中"是对人的传统审美评价标准。请你谈谈这个标准在今天有价值吗？你认为它有什么新内涵？

参考文献

[1]李泽厚著. 美的历程. 天津：天津社会科学院出版社，2001.
[2]叶朗著. 中国美学史大纲. 上海：上海人民出版社，2005.
[3]董学文主编. 美学概论. 北京：北京大学出版社，2003.
[4]张法著. 美学导论. 北京：中国人民大学出版社，2004.
[5]张法等主编. 美学原理. 北京：中国人民大学出版社，2005.
[6]陈望衡主编. 艺术设计美学. 武汉：武汉大学出版社，2000.
[7]曹耀明编著. 设计美学概论. 杭州：浙江大学出版社，2004.
[8]章利国著. 设计艺术美学. 济南：山东教育出版社，2002.
[9]李超德著. 设计美学. 合肥：安徽美术出版社，2004.
[10]荣宋著. 形象美学. 沈阳：春风文艺出版社，1995.
[11]孔寿山著. 服装美学. 上海：上海科学技术出版社，2000.
[12]叶立诚著. 服饰美学. 北京：中国纺织出版社，2001.
[13]吴卫刚等编著. 服装美学. 北京：中国纺织出版社，2000.
[14]李大铁等主编. 医学美学. 北京：人民军医出版社，2004.
[15]彭庆星主编. 医学美学导论. 北京：人民卫生出版社，2002.
[16]张晓梅著. 中国美. 北京：新华出版社，2005.
[17]张晓梅等著. 中国美容美学. 成都：四川科学技术出版社，2002.
[18]柏玉华等主编. 形象设计基础教程. 南昌：江西科学技术出版社，2004.
[19]秦启文等著. 形象学导论. 北京：社会科学文献出版社，2004.
[20]孔德明编著. 形象设计. 郑州：河南科学技术出版社，1999.
[21]张湖德等主编. 时尚美容形象设计. 北京：人民军医出版社，2005.
[22]壮春雨著. 形象与言谈. 北京：中国广播电视出版社，2002.
[23]顾筱君主编. 21世纪形象设计教程. 北京：机械工业出版社，2005.
[24]李当岐编著. 服装学概论. 北京：高等教育出版社，1998.
[25]李当岐编著. 西洋服装史. 北京：高等教育出版社，1995.
[26]陆广厦等主编. 服装史. 北京：高等教育出版社，2000.
[27]李勤主编. 空乘人员化妆技巧与形象塑造. 北京：旅游教育出版社，2007.
[28]郗虹等主编. 面部化妆与整体形象设计. 北京：学苑出版社，2003.
[29]王红等编著. 职业女性形象设计. 广州：广东旅游出版社，2004.
[30]金正昆编著. 商务礼仪. 北京：北京大学出版社，2005.
[31]金正昆编著. 商务礼仪概论. 北京：北京大学出版社，2006.
[32]向多佳主编. 职业礼仪. 成都：四川大学出版社，2006.
[33]丁汉丛等编著. 打造金身. 北京：中国广播电视出版社，2002.
[34]何灿群主编. 人体工学与艺术设计. 长沙：湖南大学出版社，2004.